计算机专业"十四五"精品教材

# Java
## 语言程序设计

主　编◎　张立国　尹秀红　支建民

副主编◎　王　丽　薛燕娜　徐鲁鲁　王全迎　曹　锐
　　　　　黄宇达　张永雄　李文强　毛坤朋

北京希望电子出版社
Beijing Hope Electronic Press
www.bhp.com.cn

# 内容简介

本书采用知识讲解与应用实践相结合的方式，由浅入深地对 Java 程序设计语言进行了全面讲解，可以帮助读者轻松掌握 Java 语言。

本书共 11 章，第 1~10 章包括 Java 语言入门、Java 语言基础、面向对象编程基础、面向对象编程进阶、常用基础类、常用集合、异常处理、图形用户界面设计、Java 输入/输出、多线程技术等内容，第 11 章设计了一个涵盖全书知识点的综合案例—"即时聊天系统的开发"，可以帮助读者在温故知新的同时提高 Java 语言的综合编程能力。

本书结构合理，内容得当，图文并茂，通俗易懂，既可作为应用型本科院校、职业院校相关专业的教材，也可作为社会培训机构进行 Java 培训学习的教材，还可作为 Java 程序设计自学者和编程爱好者的入门指导用书。

## 图书在版编目（ＣＩＰ）数据

Java 语言程序设计 / 张立国，尹秀红，支建民主编.

北京 ：北京希望电子出版社, 2024. 7. -- ISBN 978-7

-83002-878-7

Ⅰ. TP312.8

中国国家版本馆 CIP 数据核字第 2024W4E733 号

出版：北京希望电子出版社

地址：北京市海淀区中关村大街 22 号

中科大厦 A 座 10 层

邮编：100190

网址：www.bhp.com.cn

电话：010-82620818（总机）转发行部

010-82626237（邮购）

经销：各地新华书店

封面：赵俊红

编辑：付寒冰

校对：安源

开本：787 mm×1092 mm　1/16

印张：16.5

字数：422 千字

印刷：三河市中晟雅豪印务有限公司

版次：2024 年 8 月 1 版 1 次印刷

定价：59.80 元

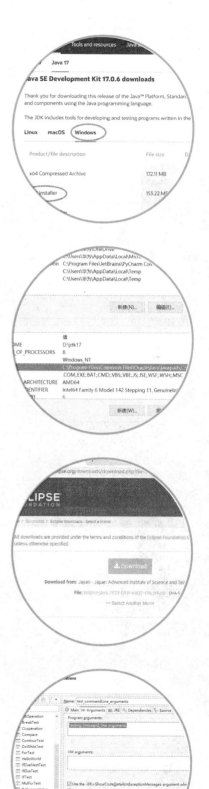

# 前　言
## PREFACE

　　Java是一种功能强大的程序设计语言，因其面向对象和跨平台的特性而风靡全球，已成为当今世界广泛流行的开发工具和主流技术之一。为此，我们组织一线教师编写了本书，作者结合自己多年的教学经验和工程实践经验，力图使本书成为既适合课堂教学又适合自学使用的读物。

## 本 / 书 / 特 / 点

- 循序渐进。对新概念的引入和讲解循序渐进，逐步展开，确保读者能更好地理解和掌握这些概念。
- 浅显易懂。在讲解过程中采用"理论+实操"的方式，读者可通过模仿练习，更快地理解和掌握较复杂的知识和应用。
- 强调练习。每章的课后练习更偏向于锻炼读者的思维能力与动手能力，从而增强读者对知识的应用能力。

## 内 / 容 / 概 / 述

　　全书共分为11章，各章内容介绍如下：

| 章节 | 内容概述 |
| --- | --- |
| 第1章 | 主要介绍Java语言的发展、特点、Java程序运行开发环境的构建、Java程序的运行机制、Eclipse的安装与应用等 |
| 第2章 | 主要介绍Java语言的基础知识，如标识符和关键字、基本数据类型、常量和变量、运算符、数据类型转换、流程控制语句、注释语句、数组等 |
| 第3章 | 主要介绍面向对象编程的基本概念，如Java类与对象的定义、成员变量与成员方法的使用、构造方法、访问说明符和修饰符、重载等 |
| 第4章 | 主要介绍继承的概念、继承机制、抽象类与接口、多态性，以及包的定义与引用等 |

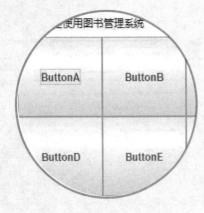

| 章节 | 内容概述 |
|---|---|
| 第5章 | 主要介绍常用类，如包装类、字符串类、数学类、日期类、随机数处理类等 |
| 第6章 | 主要介绍集合及其用法，如集合的概念、映射、泛型等 |
| 第7章 | 主要介绍Java中的异常处理，包括认识异常、异常类的层次结构、异常的处理方法等 |
| 第8章 | 主要介绍图形用户界面设计知识，包括Swing概述、常用容器类、布局管理器、GUI事件处理及事件适配器等 |
| 第9章 | 主要介绍常用的输入与输出流、流的相关类、文件的读写、对象流和序列化等 |
| 第10章 | 主要介绍多线程技术，包括基本概念、线程的创建、调度及线程的同步等 |
| 第11章 | 综合应用案例：即时聊天系统的开发 |

本书内容翔实、示例丰富、结构合理、图文并茂，非常适合以下读者群体使用：

- 应用型本科院校、职业院校的老师和学生。
- 相关培训机构的老师和学员。
- 初学编程的自学者。
- 编程爱好者。

本书由张立国、尹秀红、支建民担任主编，由吉林工程职业学院王丽、山东商务职业学院薛燕娜、山东商务职业学院徐鲁鲁、无棣县职业中等专业学校王全迎、河南质量工程职业学院曹锐、周口职业技术学院黄宇达、广州工商学院张永雄、中国兵器装备集团兵器装备研究所李文强、重庆城市管理职业学院毛坤朋担任副主编。

由于编写时间仓促，加之作者水平有限，书中难免会有疏漏之处，恳请广大读者批评指正。

编 者

2024年6月

# 目　录
## CONTENTS

# 第3章　面向对象编程基础

# 第4章　面向对象编程进阶

# 第5章　常用基础类

# 第9章　Java输入/输出

# 第10章　多线程技术

# 第11章　综合案例：即时聊天系统的开发

第 1 章

# Java语言入门

## 内容概要

　　Java是一种可以编写跨平台应用程序的面向对象程序设计语言。本章将对Java语言的发展历史、特点、开发环境，以及如何编译和执行Java应用程序等内容进行介绍，使读者能对Java语言有初步的了解，并能够顺利地搭建Java应用程序的运行开发环境。

# 1.1 Java语言的发展历史及特点

### 1. Java语言的发展历史

Java语言的历史要追溯到1991年，当时美国Sun公司的Patrick Naughton及其伙伴James Gosling带领的工程师小组（Green项目组）准备研发一种能够应用于智能家电（如电视机、电冰箱等）的小型语言。由于家电设备的处理能力和内存空间都很有限，因此要求这种语言必须非常简练且能够生成非常紧凑的代码。同时，由于不同的家电生产商会选择不同的中央处理器（central processing unit, CPU），因此还要求这种语言不能与任何特定的体系结构捆绑在一起，也就是说必须具有跨平台能力。

项目开始时，项目组首先从改写C/C++语言编译器着手，但是在改写过程中感到仅仅使用C语言无法满足需要，而C++语言又过于复杂，安全性也差，无法满足项目设计的需要。于是项目组从1991年6月开始研发一种新的编程语言，并命名为Oak，但后来发现Oak已被另一个公司注册，于是又将其改名为Java，并配了一杯冒着热气的咖啡图案作为它的标志。

1992年，Green项目组发布了它的第一个产品，称之为"*7"。该产品具有非常智能的远程控制能力，遗憾的是当时的智能消费型电子产品市场还很不成熟，没有一家公司对此感兴趣，致使该产品以失败而告终。到了1993年，Sun公司重新分析市场需求，认为网络具有非常好的发展前景，而且Java语言非常适合网络编程，于是Sun公司将Java语言的应用背景转向了网络市场。

1994年，在James Gosling的带领下，项目组采用Java语言开发了功能强大的HotJava浏览器。为了炫耀Java语言的超强能力，项目组让HotJava浏览器具有执行网页中内嵌代码的能力，为网页增加了"动态的内容"。这一技术印证在1995年的SunWorld上得到了展示，从此引发了人们延续至今对Java语言的狂热追逐。

1996年，Sun公司发布了Java的第一个版本Java 1.0，但Java 1.0不能用来进行真正的应用开发，随后的Java 1.1弥补了其中大部分明显的缺陷，大大改进了反射能力，并为图形用户界面（graphical user interface, GUI）编程增加了新的事件处理模型。

1998年，Sun公司发布了Java 1.2版，此版本取代了早期玩具式的GUI，它的图形工具箱更加精细且具有较强的可伸缩性，更加接近"一次编写，随处运行"的承诺。

1999年，Sun公司发布了Java三个版本：标准版（Java 2 Standard Edition, J2SE）、企业版（Java 2 Enterprise Edition, J2EE）和微型版（Java 2 Micro Edition, J2ME）。

2005年，Sun公司发布Java SE 6。此时，Java的各种版本已经更名，取消了其中的数字"2"。J2EE更名为Java EE，J2SE更名为Java SE，J2ME更名为Java ME。

2010年，Sun公司被Oracle公司收购，交易金额达到74亿美元。

2011年，Oracle公司发布Java 7.0正式版。

2014年，Oracle公司发布Java 8正式版。

目前，Oracle公司发布的最新的长期支持版本是Java 17。本书主要介绍的是Java SE，也就是Java标准版。

## 2. Java语言的特点

在学习任何一门计算机编程语言之前，都应该先了解该门语言产生的背景、发展历程和特点，这样才能对该语言有比较全面的了解，从而有助于以后的学习。Java的特点与其发展历史是紧密相关的。之所以能够受到如此多的好评且拥有如此迅猛的发展速度，与Java语言本身的特点是分不开的。Java语言的主要特点如下所述。

（1）简单性。Java语言是在C++语言的基础上进行简化和改进的一种新型编程语言。它去掉了C++中最难正确应用的指针和最难理解的多重继承技术等内容，因此，Java语言具有功能强大和简单易用两个特征。

（2）面向对象性。Java语言是一种新的编程语言，没有兼容面向过程编程语言的负担，因此Java语言和C++相比，其面向对象的特性更加突出。

Java语言的设计集中于对象及其接口，它提供了简单的类机制及动态接口模型。与其他面向对象语言一样，Java具备继承、封装及多态等核心技术，更提供了一些类的原型，程序员可以通过继承机制，实现代码复用。

（3）分布性。Java从诞生之日起就与网络联系在一起，它强调网络特性，这使它成为一种分布式程序设计语言。Java语言包括一个支持HTTP（hypertext transfer protocol，超文本传送协议）、FTP（file transfer protocol，文件传输协议）等基于TCP/IP（transmission control protocol/internet protocol，传输控制协议/互联网协议）协议的子库，还提供了一个Java.net包，通过这个包可以完成各种层次上的网络连接。因此，Java语言编写的应用程序可以凭借URL（uniform resource locator，统一资源定位符）打开并访问网络上的对象，其访问方式与访问本地文件系统几乎完全相同。Java语言的Socket类提供可靠的流式网络连接，使程序设计者可以非常方便地创建分布式应用程序。

（4）平台无关性。借助Java虚拟机（Java virtual machine, JVM），使用Java语言编写的应用程序不需要进行任何修改，就可以在不同的软、硬件平台上运行。

（5）安全性。安全性可以分为四个层面，即语言级安全性、编译时安全性、运行时安全性、可执行代码安全性。语言级安全性是指Java的数据结构是完整的对象，这些封装过的数据类型具有安全性。编译时要进行Java语言和语义的检查，以保证每个变量对应一个相应的值，编译后生成Java类。运行时Java类需要类加载器载入，并经由字节码校验器校验之后才可以运行。Java类在网络上使用时，对它的权限进行了设置，以保证被访问用户的安全性。

（6）多线程。多线程机制可使应用程序并行执行。通过使用多线程，程序设计者可以分别用不同的线程完成特定的行为，而不需要采用全局的事件循环机制，这样就很容易实现网络上的实时交互行为和实时控制性能。

大多数高级语言（包括C、C++等）都不支持多线程，用它们只能编写顺序执行的程序，除非有操作系统API（application program interface，应用程序接口）的支持。而Java内置了语言级多线程功能，提供了现成的Thread类，只要继承这个类就可以编写多线程程序，使用户程序可并行执行。Java提供的同步机制可保证各线程对共享数据的正确操作，完成各自的特定任务。在硬件条件允许的情况下，这些线程可以直接分布到各个CPU上，充分发挥硬件的性能，减少用户等待的时间。

（7）自动废区回收性。在用C或C++语言编写大型软件时，编程人员必须自己管理所用的内存块，这项工作非常困难并往往成为出错和内存不足的根源。在Java语言编程环境中，编程人员不必为内存管理操心，Java语言系统有一个称为"无用单元收集器"的内置程序，它扫描内存，并自动释放那些不再使用的内存块。Java语言的这种自动废区收集机制，对程序不再引用的对象自动取消其所占资源，彻底消除了出现存储器泄漏之类的错误，并免去了程序员管理存储器的繁琐工作。

# 1.2 搭建Java开发环境

学习Java的第一步就是搭建Java开发环境，包括JDK（Java Development Kit）的下载、安装以及环境变量的配置。本节将详细介绍如何在本地计算机上搭建Java程序的开发环境。

## ■1.2.1 JDK的下载和安装

JDK是Oracle公司发布的免费的Java开发工具，它提供了调试与运行一个Java程序时必需的所有工具和类库。在正式开发Java程序前，需要先安装JDK。JDK的最新版本可以到Oracle的官方网站（网址为：https://www.oracle.com/java/technologies/downloads/）上免费下载。根据运行时所对应的操作系统，JDK分为for Windows、for Linux和for MacOS等不同版本。

说明：从2018年开始，JDK的发布周期由以前的数年一个大版本变化为6个月一个小版本。2018年之前业界使用最多的是JDK 6、JDK 7、JDK 8三个版本，由于Oracle的更新和授权问题，JDK 8虽然性能依旧强劲，但无奈Oracle已经停止对其维护。JDK 8之后，JDK 11和JDK 17是后续的 LTS（long term support，长期支持版本）版本，且在很多方面进行了更新和性能提升，Java之父James Gosling也表示，JDK 17对比JDK 8有很大的提升，希望开发者尽快转到新版本中。因此，本书中的实例所基于的Java SE平台是JDK 17 for Windows。

首先介绍JDK 17 for Windows的安装和配置。

步骤 01 登录网址https://www.oracle.com/java/technologies/downloads/#jdk17-windows进入"Java downloads"页面下载JDK 17，如图1-1所示。选中Windows标签，会出现三种不同类型的安装文件，本书选择x64 Installer可执行文件，单击右边对应的链接进行下载。

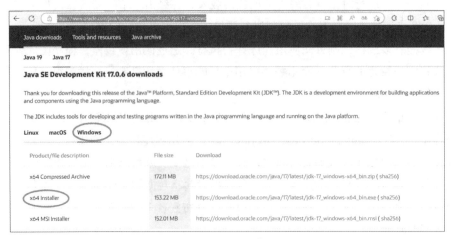

图 1-1　Java SE 下载页面

步骤 02 下载完成后，在默认的下载路径下会有一个名为jdk-17_windows-x64_bin.exe的可执行文件。双击该文件，进入安装界面，如图1-2所示。

步骤 03 单击"下一步"按钮，进入图1-3所示的目标文件夹窗口。通过此窗口，可以选择Java程序的安装路径。

图 1-2　Java SE 安装向导

图 1-3　设置目标文件夹

> ⚠ **提示**：安装路径默认为C:\Program Files\Java\jdk-17。如果需要更改安装路径，可以单击"更改"按钮，选择新的安装路径即可。

步骤 04 单击"下一步"按钮，进入安装过程。安装过程结束，单击"关闭"按钮即可，如图1-4所示。

图 1-4　安装完成界面

　　JDK安装完成后，会在安装目录下多一个名称为"jdk-17"的文件夹，打开该文件夹，如图1-5所示。从图1-5中可以看出，安装目录下存在多个文件夹和文件，下面对其中一些比较重要的目录和文件进行简单介绍。

- **bin目录**：存放JDK开发工具的可执行文件，包括java、javac、javadoc、appletviewer等可执行文件。

- **conf目录**：该路径下存放JDK的相关配置文件。
- **include目录**：该路径下存放一些平台特定的头文件。
- **jmods目录**：该路径下存放JDK的各种模块。
- **legal目录**：该路径下存放JDK各模块的授权文档。
- **lib目录**：该路径下存放JDK工具的一些补充JAR包。

| | 名称 | 修改日期 | 类型 | 大小 |
|---|---|---|---|---|
| | 此电脑 > Windows (C:) > Program Files > Java > jdk-17 | | | |
| | bin | 2023/3/15 16:08 | 文件夹 | |
| | conf | 2023/3/15 16:08 | 文件夹 | |
| | include | 2023/3/15 16:08 | 文件夹 | |
| | jmods | 2023/3/15 16:08 | 文件夹 | |
| | legal | 2023/3/15 16:08 | 文件夹 | |
| | lib | 2023/3/15 16:08 | 文件夹 | |
| | LICENSE | 2023/3/15 16:08 | 文件 | 7 KB |
| | README | 2023/3/15 16:08 | 文件 | 1 KB |
| | release | 2023/3/15 16:08 | 文件 | 2 KB |

图 1-5　JDK 安装目录

> ⚠ 提示：和一般的Windows程序不同，JDK安装成功后，不会在"开始"菜单和桌面生成快捷方式。这是因为bin文件夹下面的可执行程序都不是图形界面的程序，它们必须在控制台中以命令行方式运行。另外，还需要用户手工配置一些环境变量才能方便地使用JDK。

## ■1.2.2　系统环境变量的设置

系统环境变量是包含关于系统及当前登录用户的环境信息的字符串，一些程序需要使用此信息确定在何处放置和搜索文件。对于Java程序开发而言，主要会使用JDK中的两个命令：javac.exe、java.exe，路径是C:\Program Files\Java\jdk-17\bin，但是它们不是Windows的命令，因此，要想在任意目录下都能使用，必须在环境变量中对它们进行配置。如果不配置环境变量，那么只有将Java代码文件存放在bin目录下，才能使用javac和java工具。和JDK相关的环境变量主要是Path和classpath，JDK 1.5以后，不设置classpath也可以，所以此处只介绍Path的设置。Path变量记录的是可执行程序所在的路径，系统根据Path变量的值查找可执行程序。如果执行的可执行程序不在当前目录下，那么就会依次搜索Path变量中记录的路径；而Java的各种操作命令是存放在其安装路径中的bin目录下，若在Path中设置了JDK的安装目录，就可以不用再把Java文件的完整路径写出来，系统会自动去Path变量设置的路径中查找。

下面以Windows 10操作系统为例介绍如何设置和Java有关的系统环境变量，假设JDK安装在系统默认的目录下。

### 1. path变量的配置

**步骤 01** 按照以下路径：设置→系统→关于→高级系统设置，进入"系统属性"对话框，如图1-6所示。

图 1-6 "系统属性"对话框

步骤 02 在图1-6中单击"环境变量"按钮，弹出"环境变量"对话框，选中系统变量中的Path变量，如图1-7所示。

图 1-7 "环境变量"对话框

步骤 03 在图1-7中单击系统变量下方的"编辑"按钮，对环境变量Path进行修改，如图1-8所示。

图1-8 "编辑环境变量"对话框

单击"新建"按钮,输入C:\Program Files\Java\jdk-17\bin,然后依次单击"确定"按钮,直到关闭所有对话框,即完成对Path环境变量的设置。

**2. 测试环境变量配置是否成功**

步骤 **01** 按【Win+R】组合键,在弹出的"运行"对话框中输入"cmd",如图1-9所示。

图1-9 "运行"对话框

步骤 **02** 单击图1-9中的"确定"按钮,弹出命令行窗口,输入javac命令,然后按【Enter】键,出现图1-10所示的信息,则表示Path环境变量配置成功。

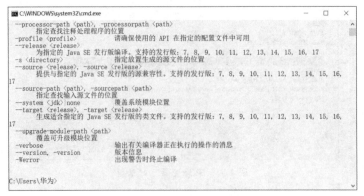

图1-10 javac命令执行结果

# 1.3 创建第一个Java应用程序

Java开发环境建立好以后，就可以开始编写Java应用程序了。为了使读者对Java应用程序的开发步骤有一个初步的了解，本节将向读者展示一个完整的Java应用程序的开发过程，并给出开发过程中应该注意的一些事项。

## ■1.3.1 编写源程序

Java源程序的编辑可以在Windows的"记事本"程序中进行，也可以在诸如EditPlus、UltraEdit之类的文本编辑器程序中进行，还可以在Eclipse、NetBeans、JCreator、MyEclipse等集成的开发工具中进行。

现在假设在"记事本"程序中编辑Java源程序，启动"记事本"程序，在其窗口中输入如下程序代码：

```java
public class HelloWorld {
    public static void main(String[] args) {
        System.out.println("Hello world!");
    }
}
```

程序代码输入完毕后，将该文件另存为HelloWorld.java，保存类型选择为"所有文件"，然后单击"保存"按钮，该文件可以被保存到硬盘中的任何位置，建议专门创建一个文件夹用来存放Java源文件。此处假设把文件保存到D:\javacode\chapter1文件夹中，如图1-11所示。

图 1-11　保存 HelloWorld.java 文件

❗ **提示：** 存储文件时，源程序文件的扩展名必须为.java，且源程序文件名必须与程序中声明为public class的类的名字完全一致（包括字母的大小写也要完全一致）。

## ■1.3.2 编译和执行程序

JDK所提供的开发工具主要有编译程序、解释执行程序、调试程序、Applet执行程序、文档管理程序、包管理程序等，这些程序都是控制台程序，要以命令的方式执行。其中，编译程序和解释执行程序是最常用的程序，它们都在JDK安装目录下的bin文件夹中。

### 1. 编译程序

Java源程序编写好以后，首先要进行编译，JDK的编译程序是javac.exe，执行javac命令将Java源程序编译成字节码，生成与类同名但扩展名为.class的文件。通常情况下编译器会把.class文件放在和Java源文件相同的一个文件夹里，除非在编译过程中使用了-d 选项。javac的一般用法如下：

```
javac [选项 …] file.java
```

其中，常用选项包括：

- **-classpath**：该选项用于设置路径，javac会按该路径查找被调用的类。该路径是一个用分号分隔开的目录列表。
- **-d**：该选项用于指定存放生成的类文件的路径。
- **-g**：该选项在代码产生器中打开调试表，以后可凭此调试产生字节代码。
- **-nowarn**：该选项用于禁止编译器产生警告。
- **-verbose**：该选项用于输出编译器正在执行的操作的有关消息。
- **-sourcepath <路径>**：该选项用于指定查找源文件的路径。
- **-version**：该选项用于标识版本信息。

虽然javac的选项众多，但是这些选项都是可选的，并不是必须的。对于初学者而言，只需要掌握最简单的用法即可。

例如，编译HelloWorld.java源程序文件，只需在命令行输入如下命令：

```
javac HelloWorld.java
```

❗ **提示**：javac和HelloWorld.java之间必须用空格隔开，文件名中的扩展名.java不能省略。

编译HelloWorld.java的具体步骤如下：

**步骤 01** 按【Win+R】组合键，输入"cmd"，单击"确定"按钮，进入命令行窗口。

**步骤 02** 在命令行窗口中输入"d:"，按【Enter】键转到D盘根目录，然后再输入"cd javacode\chapter1"，按【Enter】键进入Java源程序文件所在目录。

**步骤 03** 输入命令"javac HelloWorld.java"，按【Enter】键，如果没有任何其他信息出现，表示该源程序已经通过了编译。

具体的操作过程如图1-12所示。

图 1-12　编译程序的命令行窗口

⚠️ **提示**：如果编译不正确，会给出错误信息，程序员可根据系统给出的错误提示信息修改源代码，然后再进行编译，直到编译通过为止。

成功编译后，可以在D:\javacode\chapter1文件夹中看到一个名为HelloWorld.class的文件，如图1-13所示。

图 1-13　chapter1 文件夹

## 2. 解释执行程序

源程序编译成功后，得到一个同名的字节码文件，然后就可以使用JDK的解释执行程序java.exe对字节码文件解释执行了。解释执行程序的一般用法如下：

java [选项 ...] file [参数 ...]

其中，常用选括：

- **-classpath**：用于设置路径，java命令会按该路径查找被调用的类。该路径是一个用分号分隔开的目录列表。
- **-client**：选择客户虚拟机（这是默认值）。
- **-server**：选择服务虚拟机。
- **-hotspot**：与client相同。
- **-verify**：对所有代码使用校验。
- **-noverify**：不对代码进行校验。

- **-verbose**：每当类被调用时，向标准输出设备输出信息。
- **-version**：输出版本信息。

同样，初学者只要掌握最简单的用法即可。

例如，要执行HelloWorld.class文件，只需要在命令行输入如下的命令：

```
java HelloWorld
```

然后按【Enter】键，稍等一会儿，如果在窗口中出现"Hello world!"字符串，说明程序执行成功，执行结果如图1-14所示。

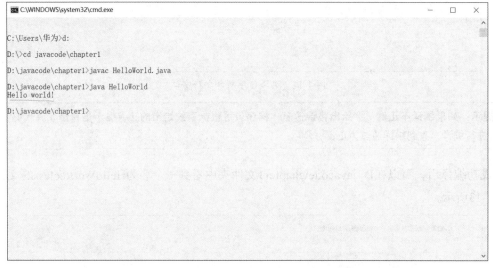

图 1-14　程序执行结果

> ⚠️ **提示**：java HelloWorld的作用是让Java解释器装载、校验并执行字节码文件HelloWorld.class。在输入文件名时，大小写必须严格区分，并且文件名中的扩展名.class必须省略，否则无法执行该程序。

## 1.4　Java程序的运行机制

Java语言比较特殊，Java语言编写的程序需要经过编译，但编译后不会产生特定平台的机器码，而是生成一种与平台无关的字节码（也就是.class文件）。这种字节码不是可执行性的，必须使用Java解释器来解释执行，也就是需要通过Java解释器转换为本地计算机的机器代码，然后交给本地计算机执行。

Java语言里负责解释执行字节码文件的是JVM，它是可以运行Java字节码文件的虚拟计算机。所有平台上的JVM向编译器提供相同的编程接口，而编译器只需要面向虚拟机，生成虚拟机能理解的代码，然后由虚拟机来解释执行。不同平台上的JVM都是不同的，但它们都提供了相同的接口。JVM是Java程序跨平台的关键部分，只要为不同的平台实现相应的虚拟机，编译后的Java字节码就可以在该平台上运行。

Java虚拟机执行字节码的过程由一个循环组成，它不停地加载程序，进行合法性和安全性检测，以及解释执行，直到程序执行完毕（包括异常退出）。

　　Java虚拟机首先从扩展名为".class"的文件中加载字节码到内存中，接着检测内存中代码的合法性和安全性，例如检测Java程序用到的数组是否越界、所要访问的内存地址是否合法等，最后解释执行通过检测的代码，并根据不同的计算机平台将字节码转化成为相应的计算机平台的机器代码，再交给相应的计算机执行。如果加载的代码不能通过合法性和安全性检测，则Java虚拟机执行相应的异常处理程序。Java虚拟机不停地执行这个过程，直到程序执行结束。Java程序的运行机制和工作原理如图1-15所示。

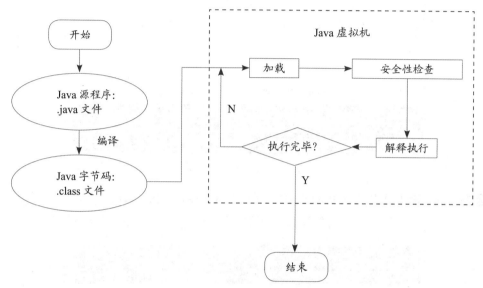

图 1-15　Java 程序的运行机制和工作原理

# 1.5　初次使用Eclipse

　　Eclipse最初是由IBM公司开发的用于替代商业软件Visual Age for Java的新一代IDE（integrated development environment，集成开发环境）。2001年11月，IBM公司将Eclipse作为一个开放源代码的项目发布，将其贡献给开源社区。现在Eclipse由非营利软件供应商联盟Eclipse基金会（Eclipse Foundation）管理。

　　Eclipse本身是一个框架和一组服务，它通过各种插件来构建开发环境。Eclipse最初主要用于Java语言开发，但现在可以通过安装不同的插件支持不同的计算机语言，如C++和Python等。

　　Eclipse本身只是一个框架平台，由于众多插件的支持使得Eclipse拥有其他功能相对固定的IDE软件很难具有的灵活性，因此现在许多软件开发商以Eclipse为框架开发自己的IDE。

## ■1.5.1　Eclipse的下载与安装

　　在Eclipse的官方网站可以下载最新版本的Eclipse软件，具体步骤如下：

步骤 01 打开浏览器，在地址栏中输入"https://www.eclipse.org/downloads/packages/"，按

【Enter】键进入Eclipse官方网站的下载页面,单击"Eclipse IDE for Java Developers"右边的"Windows x86_64"选项,如图1-16所示。

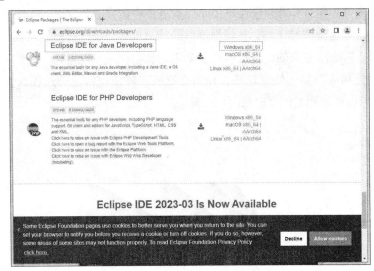

图 1-16　Eclipse 下载页面

**步骤 02** 在下载页面中单击"DOWNLOAD"按钮下载软件,如图1-17所示。

图 1-17　下载软件

**步骤 03** 下载完成后,在本地计算机中会出现一个名为"eclipse-java-2023-03-R-win32-x86_64.zip"的软件压缩包,如图1-18所示。

eclipse-java-2023-03-R-win32-x86_64.zip

图 1-18　下载到本地的压缩包文件

由于Eclipse是基于Java的可扩展开发平台，因此在安装Eclipse前要确保计算机上已安装JDK，否则Eclipse无法正常启动。

步骤 **04** 将压缩包放置于E盘进行解压，生成目录"E:\eclipse"。

步骤 **05** 进入"E:\eclipse"目录，双击运行"eclipse.exe"文件，如图1-19所示。

图 1-19　运行 eclipse.exe 文件

步骤 **06** eclipse运行后弹出"Select a directory as workspace"（选择工作空间）对话框，可以根据需要选择合适的目录作为自己的工作空间，本例中设置的工作空间为"E:\eclipse-workspace"，如图1-20所示。

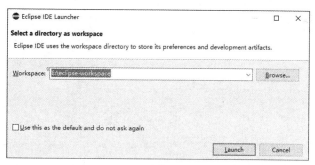

图 1-20　选择工作空间

第一次打开Eclipse需要设置Eclipse的工作空间（用于保存Eclipse建立的项目和相关设置），可以使用默认的工作空间，也可以选择新的工作空间。

步骤 **07** 单击"Launch"按钮，出现欢迎界面，其中包括：Eclipse概述、新增内容、示例、教程、创建新工程、导入工程等相关菜单项，如图1-21所示。

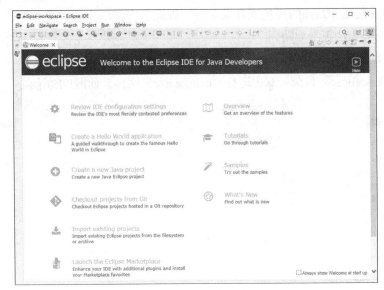

图 1-21　Eclipse 欢迎界面

**步骤 08** 关闭欢迎界面，将显示Eclipse的工作台，如图1-22所示。Eclipse工作台是程序开发人员开发程序的主要场所。

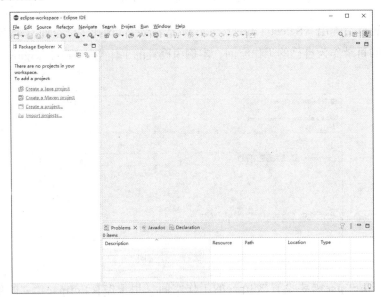

图 1-22　Eclipse 工作台

## ■1.5.2　用Eclipse开发Java应用程序

开发前的一切工作都已经准备就绪，可以使用Eclipse开发Java应用程序了。

### 1. 新建Java项目

**步骤 01** 单击图1-22左边导航栏中的菜单项"Create a Java Project"。

**步骤 02** 在弹出的新建Java项目对话框中输入项目名称，其他内容采用默认值即可，如图1-23所示。

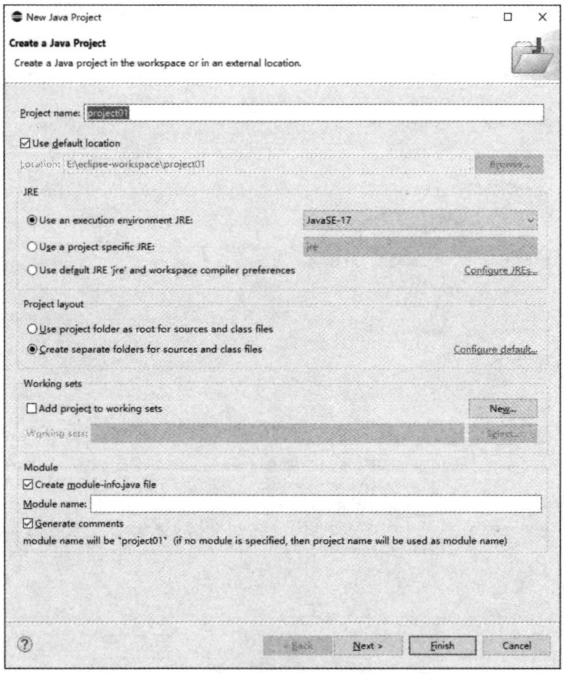

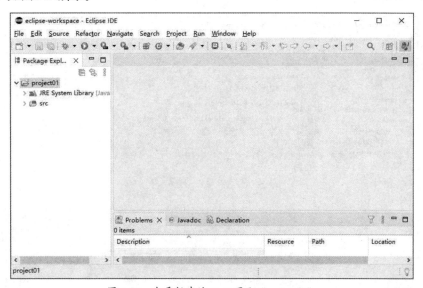

图 1-23 新建 Java 项目对话框

步骤 03 单击图1-23中的"Finish"按钮完成项目的创建，新建的Java项目会自动出现在左侧的导航栏中，如图1-24所示。

图 1-24 查看新建的 Java 项目 "project01"

**2. 编写Java代码**

步骤 01 右键单击项目"project01"，在弹出的快捷菜单中选择"New"→"Class"选项，弹出新建Java类对话框。

步骤 02 在对话框中输入要创建的类的名称，并勾选创建main( )方法，具体设置如图1-25所示。

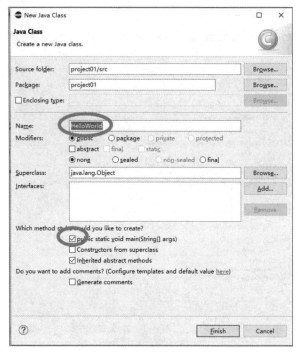

图 1-25　新建 Java 类对话框

**步骤 03** 单击"Finish"按钮，系统将自动创建一个Java源文件HelloWorld.java，并在右侧区域打开此文件，如图1-26所示。

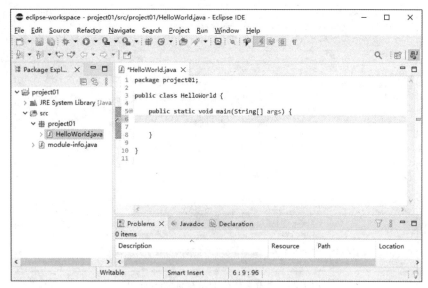

图 1-26　编辑 Java 类

**步骤 04** 编辑Java源程序文件，在源程序的main( )方法中添加下面的语句。

System.out.println("Hello World！");

### 3. 编译和执行程序

编译Java源程序，这一步不用手工操作，Eclipse会自动编译。如果源程序有错误，Eclipse会自动给出相应的提示信息。

单击运行按钮 ⊙ ，开始执行程序，执行后，在工作台下方的控制台中可以看到程序的执行结果，如图1-27所示。

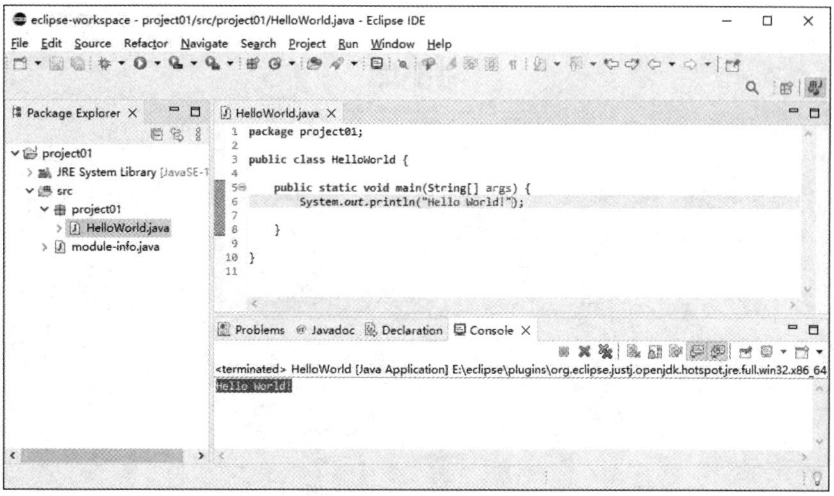

图 1-27　程序执行结果

## 课后练习

在刚开始编译运行Java程序时，可能会出现较多的错误，其中大多数是由于环境变量配置错误造成的，这需要读者熟练掌握环境变量的配置方法。通过以下练习可以更好地帮助读者打牢基础。

**练习1：**

在Oracle公司的官方网站上下载JDK17的安装文件，运行该文件，搭建Java应用程序的开发运行环境，并编辑系统环境变量Path的值，使系统在任何目录下都能识别javac命令。

**练习2：**

从官方网站上下载Eclipse的压缩包文件，解压该文件，安装Eclipse并启动Eclipse。

# 第 2 章

# Java语言基础

---

## 内容概要

　　所有的计算机编程语言都有一套属于自己的语法规则，Java语言也不例外。要使用Java语言进行程序设计，就需要充分了解其语法规则。本章将主要介绍Java语言的标识符、数据类型、变量、常量、运算符、控制语句和数组等基础知识。通过对本章内容的学习，读者可以初步了解Java语言，并能够编写一些简单的Java应用程序。

## 2.1 标识符和关键字

标识符和关键字是Java语言的基本组成部分，学习语言必须先了解这些内容。

### ■2.1.1 标识符

标识符（identifier）可以简单地理解为一个名字，是用来标识类名、变量名、方法名、数组名、文件名等的有效字符序列。

Java语言规定标识符是由任意顺序的字母、下画线（_）、美元符号（$）和数字组成，并且第1个字符不能是数字。

合规的标识符，如birthday、User_name、_system_var1、$max等。

不合规的标识符，如3max（变量名不能以数字开头）、room#（不允许包含字符"#"）、class（"class"为关键字）等。

---

⚠️ **提示**：（1）标识符不能是关键字。

（2）Java语言严格区分大小写，例如，标识符republican和Republican是两个不同的标识符。

（3）Java语言使用Unicode标准字符集，最多可以标识65 535个字符，因此，Java语言中的字母不仅包括通常的拉丁字母a、b、c等，还包括汉字、日文以及其他语言中的文字。

---

### ■2.1.2 关键字

关键字是Java语言中已经被赋予特定意义的一些单词，关键字对Java编译器有着特殊的含义。Java的关键字可以划分为5种类型：类类型（class type）、数据类型（data type）、控制类型（control type）、存储类型（storage type）、其他类型（other type）。

下面列出每种类型所包含的关键字。

（1）类类型（class type）：包括package、class、abstract、interface、implements、native、this、super、extends、new、import、instanceof、public、private、protected等。

（2）数据类型（data type）：包括char、double、enum、float、int、long、short、boolean、void、byte等。

（3）控制类型（control type）：包括break、case、continue、default、do、else、for、goto、if、return、switch、while、throw、throws、try、catch、synchronized、final、finally、transient、strictfp等。

（4）存储类型（storage type）：包括register、static等。

（5）其他类型（other type）：包括const、volatile等。

## 2.2 基本数据类型

Java是一种强类型语言，这是Java安全性的重要保障之一。在Java中有8种基本数据类型，可用来存储数值、字符和布尔值，如图2-1所示。

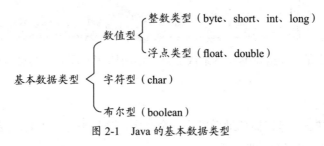

图 2-1　Java 的基本数据类型

# 2.2.1　整数类型

整数类型用来存储整数数值，即没有小数部分的数值。可以是正数，也可以是负数。整型数据在Java程序中有三种表示形式，分别为十进制、八进制和十六进制。

- **十进制**：十进制的表现形式大家都很熟悉，如15、309、27等。
- **八进制**：八进制必须以0开头，如0123（转换成十进制数为83）等。
- **十六进制**：十六进制必须以0x开头，如0x25（转换成十进制数为37）等。

整型数据根据它所占内存大小的不同，可分为byte、short、int和long四种类型，它们具有不同的取值范围，如表2-1所示。

表 2-1　整型数据类型

| 数据类型 | 内存空间 | 取值范围 |
| --- | --- | --- |
| byte | 8 bit | -128[①]~127 |
| short | 16 bit | -32 768~32 767 |
| int | 32 bit | -2 147 483 648~2 147 483 647 |
| long | 64 bit | -9 223 372 036 854 775 808~9 223 372 036 854 775 807 |

例如，int型整型变量的定义，实例代码如下：

```
int x;                    //定义int型变量x
int x,y = 100;            //定义int型变量x、y且为y赋初值
int x = 450,y = -462;     //定义int型变量x、y并赋初值
```

在定义上述变量时，要注意变量的取值范围，超出取值范围就会出错。对于long型值，当所赋的值大于int型的最大值或小于int型的最小值时，就需要在数字后加L或l，表示该数值为长整数，如：long num = 3117112897L; 。

# 2.2.2　浮点类型

浮点类型表示有小数部分的数字。Java语言中浮点类型分为单精度浮点类型（float）和双精度浮点类型（double），它们具有不同的取值范围，如表2-2所示。

---

① 按照出版规范，应使用减号（-）表示，但因本书为程序类图书，为保持与代码一致，故本书涉及减号或负值时，均统一使用"-"。

表 2-2 浮点型数据类型

| 数据类型 | 内存空间 | 取值范围 |
| --- | --- | --- |
| float | 32 bit | 1.4E-45~3.4028235E38 |
| double | 64 bit | 4.9E-324~1.7976931348623157E308 |

在默认情况下，小数都被看作double型，若使用float型小数，则需要在小数后面添加F或f。可以使用后缀d或D来明确表明一个数是double类型数据，不加d也不会出错，但声明float型变量时，如果不加f，系统会认为变量是double类型而可能导致出错。

定义浮点型变量的实例代码如下：

```
float x = 100.23f;
double y1 = 32.12d;
double y2 = 123.45;
```

在定义上述变量时，要注意变量的取值范围，超出取值范围就会出错。

## ■2.2.3 字符类型

字符类型（char）用于存储单个字符，它占用16位（两个字节）的内存空间。在定义字符型变量时，要以单引号将字符括起来，如's'，表示一个字符。而"s"则表示一个字符串，虽然只有一个字符，但由于使用双引号，它仍然表示字符串，而不是字符。

使用char关键字可定义字符变量，实例代码如下：

```
char c1 = 'a';
```

同C和C++语言一样，Java语言也可以把字符作为整数对待，由于字符"a"在Unicode表中的排序位置是97，因此允许将上面的语句写为：

```
char c1 = 97;
```

由于Unicode编码采用无符号编码，可以存储65 536个字符（0x0000~0xffff），因此，Java中的字符可以处理所有国家的语言文字。若想得到一个0~65 536之间的数所代表的Unicode表中相应位置上的字符，也必须使用char型做显式转换。

有些字符（如回车符等）不能通过键盘录入到字符串中，针对这种情况，Java提供了转义字符，以反斜杠（\）开头，将其后的字符转变为另外的含义，例如：'\n'（换行）、'\b'（退格）、'\''（单引号）、'\t'（水平制表符）。

❶ 提示：用双引号括起来的文字，就是平时所说的字符串，它不是原始类型，而是一个类（class）——String类，它用来表示字符序列。字符本身符合Unicode标准，且上述char类型的转义字符适用于String。

### ■2.2.4 布尔类型

布尔类型又称逻辑类型，只有true和false两个值，分别代表布尔类型中的"真"和"假"。一般通过关键字boolean来定义布尔类型变量，布尔类型变量通常被用在流程控制中作为判断条件。

声明布尔类型变量的实例代码如下：

```
boolean b1;                    //定义布尔型变量b1
boolean b2 = true;             //定义布尔型变量b2，并赋给初值true
```

❗ **提示**：在Java语言中，布尔值不能与整数类型进行转换，这点与C和C++是不同的。

## 2.3 常量和变量

在程序执行过程中，值不能被改变的量称为常量，值能被改变的量称为变量。变量与常量的命名都必须使用合法的标识符。

### ■2.3.1 常量

在程序运行过程中一直不会改变的量称为常量（constant），通常也被称为"final变量"。常量在整个程序中只能被赋值一次。

在Java语言中声明一个常量，除了要指定数据类型外，还需要通过final关键字进行限定。声明常量的标准语法如下：

```
final datatype CONSTNAME=VALUE;
```

其中，final是Java的关键字，表示定义的是常量；datatype为数据类型；CONSTNAME为常量的名称；VALUE是常量的值。

声明常量的实例代码如下：

```
final double PI = 3.1415926;          //声明double型常量PI并赋值
final boolean FLAG = true;            //声明boolean型常量FLAG并赋值
```

❗ **提示**：常量名通常使用大写字母，但这并不是必须的，只不过很多Java程序员已经习惯使用大写字母来表示常量，通过这种命名方法实现与变量的区别。

### ■2.3.2 变量

变量（variable）是一块取了名字的、用来存储Java程序信息的内存区域。在程序中，每块被命名的内存区域都只能存储一种特定类型的数据。假如定义了一个存储整数的变量，那么就不能用它存储0.12这样的数据。因为每个变量能够存储的数据类型是固定的，所以在程序中只要使用变量，编译器就要对它进行检查，检查是否出现类型不匹配或操作不当的地方。如果程序中有一个处理整数的方法，而无意间用它处理了其他类型的数据，如一个字符串或一个浮点型数据，则编译器就会把它检查出来。

在Java中，使用变量之前需要先声明变量。变量声明通常包括三部分：变量类型、变量名和初始值，其中，变量的初始值是可选的。声明变量的语法格式如下：

```
type identifier [= value][, identifier [= value]…];
```

其中，type是Java语言的基本数据类型或者类、接口等复杂类型的名称（类和接口将在后续章节中介绍）；identifier（标识符）是变量的名称；=value表示用具体的值对变量进行初始化，即把某个值赋给变量。

声明变量的实例代码如下：

```
int age;                        //声明int型变量
double d1 = 12.27;              //声明double型变量并赋值
```

## ■2.3.3　变量的作用域

由于变量被定义后只是暂存在内存中，等到程序执行到某一个点时该变量会被释放，也就是说变量是有生命周期的。因此，变量的作用域是指程序代码能够访问该变量的区域，若超出该区域，则在编译时会出现错误。

根据作用域的不同，将变量分为不同的类型：类成员变量、局部变量、方法参数变量和异常处理参数变量。

### 1. 类成员变量

类成员变量声明在类中，但不属于任何一个方法，其作用域为整个类。声明类成员变量的实例代码如下：

```
class ClassVar{
    int x = 45;
    int y ;
}
```

上述代码中定义的两个变量x、y均为类成员变量，其中，变量x进行了初始化，而变量y没有进行初始化。

### 2. 局部变量

在类的成员方法中定义的变量（在方法内部定义的变量）称为局部变量。局部变量只在当前代码块中有效。

例如，以下代码中声明了两个局部变量。

```
class LocalVar{
   public static void main(String []args){
     int x = 45;    //局部变量，作用域为整个main()方法
     if(x>5){
        int y = 0; //局部变量，作用域为if语句代码块
        System.out.println(y);
     }
     System.out.println(x);
   }
}
```

上述代码中定义的两个变量x、y均为局部变量，其中，x的作用域是整个main()方法，而y的作用域仅仅局限于if语句代码块。

### 3. 方法参数变量

方法参数变量的作用域是整个方法。声明一个方法参数变量的实例代码如下：

```
class FunctionParaVar{
   public static int getSum(int x){
     x = x + 1;
     return x;
   }
}
```

上述代码中定义了一个成员方法getSum()，方法中包含一个int类型的方法参数变量x，其作用域是整个getSum()方法。

### 4. 异常处理参数变量

异常处理参数变量的作用域在异常处理代码块中，该变量是将异常处理参数传递给异常处理代码块，与方法参数变量用法类似。

声明一个异常处理参数变量的实例代码如下：

```
public class ExceptionParVar {
   public static void main(String []args){
     try{
        System.out.println("exception");
     }catch(Exception e){ //异常处理参数变量，作用域是异常处理代码块
        e.printStackTrace();
     }
```

```
    }
}
```

上述代码中定义了一个异常处理语句，异常处理代码块catch的参数为Exception类型的变量e，作用域是整个catch代码块。

有关变量的声明、作用域和使用方法等更多内容将在后续章节中通过大量的实例进行进一步讲解。

# 2.4 运算符

运算符是一些特殊的符号，主要用于数学计算、赋值语句和逻辑比较等方面。Java中提供了丰富的运算符，如赋值运算符、算术运算符、关系运算符、逻辑运算符、位运算符、条件运算符等。

## ■2.4.1 赋值运算符

赋值运算符以符号"="表示，它是一个二元运算符（对两个操作数做处理），其功能是将右方操作数所含的值赋给左方的操作数。例如：

```
int a = 100;
```

该表达式是将100赋值给变量a。左方的操作数必须是一个变量，而右边的操作数则可以是任何表达式，也包括变量。

## ■2.4.2 算术运算符

Java中的算术运算符主要有+（加）、-（减）、*（乘）、/（除）、%（求余），它们都是二元运算符。另外，还有一些单目运算符，如++（自增）和--（自减）运算符。Java中的算术运算符的功能及使用方式如表2-3所示。

表 2-3　算术运算符

| 运算符 | | 含义 | 示例 | 结果 |
|---|---|---|---|---|
| 双目运算符 | + | 加法 | 4 + 3 | 7 |
| | - | 减法 | 4 - 3 | 1 |
| | * | 乘法 | 4 * 3 | 12 |
| | / | 除法 | 4 / 2 | 2 |
| | % | 取余 | 4 % 2 | 0 |
| 单目运算符 | ++ | 自增 | a ++ | a = a + 1 |
| | -- | 自减 | a -- | a = a - 1 |
| | - | 取负 | - 4 | - 4 |

**提示**：表中的的变量a为整型变量。

Java中算术运算符的优先级如表2-4所示。

表2-4　算术运算符的优先级

| 顺序 | 运算符 | 规则 |
|---|---|---|
| 高<br>↓<br>低 | ( ) | 如果有多重括号，首先计算最里面的子表达式的值。若同一级有多对括号，则从左至右 |
| | ++、-- | 变量自增、变量自减 |
| | *、/、% | 若同时出现，计算时从左至右 |
| | +、- | 若同时出现，计算时从左至右 |

在算术运算符中略微难以理解的是"++"和"--"运算符。自增和自减运算是两个快捷运算符（常称作"自动递增"和"自动递减"运算）。其中，自增操作符是"++"，意为"增加1"；自减操作符是"--"，意为"减少1"。例如，a是一个int型变量，则表达式++a等价于a = a + 1。自增和自减操作符不仅改变了变量，并且以变量的值作为生成的结果。

自增和自减操作符各有两种使用方式，通常称为"前缀式"和"后缀式"。前缀递增表示"++"操作符位于变量或表达式的前面，而后缀递增表示"++"操作符位于变量或表达式的后面；前缀递减意味着"--"操作符位于变量或表达式的前面，而后缀递减意味着"--"操作符位于变量或表达式的后面。

对于前缀递增和前缀递减（即 ++a 和 --a），会先执行运算，再生成值。而对于后缀递增和后缀递减（即a++和a--），是先生成值，再执行运算。例如：

```java
public class AutoInc {
    public static void main(String[] args) {
        int i = 1;
        int j = 1;
        System.out.println("i后缀递增的值= " + (i++)); //后缀递增
        System.out.println("j前缀递增的值= " + (++j)); //前缀递增
        System.out.println("最终i的值 =" + i);
        System.out.println("最终j的值 =" + j);
    }
}
```

程序执行结果如图2-2所示。

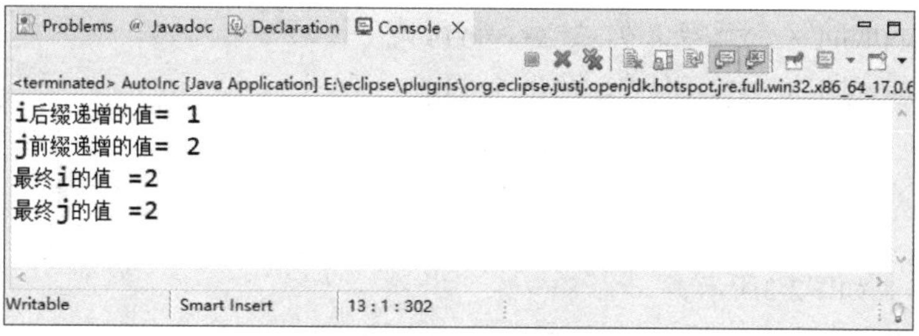

图 2-2 程序执行结果

从程序执行结果中可以看到，放在变量前面的自增运算符，会先将变量的值加1，再使该变量参与其他运算；放在变量后面的自增运算符，会先使变量参与其他运算，再将该变量加1。

### ■2.4.3 关系运算符

关系运算实际上就是"比较运算"，即将两个值进行比较，判断比较的结果是否符合给定的条件，如果符合则比较的结果为true，否则为false。

Java中的关系运算符都是二元运算符，由Java关系运算符组成的关系表达式的计算结果为逻辑型，具体的关系运算符及其说明见表2-5所示。

表 2-5 关系运算符

| 运算符 | 含义 | 示例 | 结果 |
| --- | --- | --- | --- |
| < | 小于 | 4 < 3 | false |
| <= | 小于或等于 | 4 <= 3 | fasle |
| > | 大于 | 4 > 3 | true |
| >= | 大于或等于 | 4 >= 3 | true |
| == | 等于 | 4 ==3 | fasle |
| != | 不等于 | 4 != 3 | true |

使用比较运算符对变量进行比较运算，并将运算后的结果输出。例如：

```java
public class Compare {
    public static void main(String[] args) {
        int x = 21;
        int y = 100;
        //依次将变量x与变量y的比较结果输出
        System.out.println("x >y返回值为： "+ (x > y));
        System.out.println("x <y返回值为： "+ (x < y));
        System.out.println("x==y返回值为： "+ (x== y));
```

```
        System.out.println("x!=y返回值为：  "+ (x != y));
        System.out.println("x>=y返回值为：  "+ (x >= y));
        System.out.println("x<=y返回值为：  "+ (x <= y));
    }
}
```

程序执行结果如图2-3所示。

图 2-3　程序执行结果

## ■2.4.4　逻辑运算符

Java语言中的逻辑运算符有3个，分别是&&（逻辑与）、||（逻辑或）、!（逻辑非），其中，前两个是双目运算符，第3个为单目运算符。具体的运算规则如表2-6所示。

表 2-6　逻辑运算符

| 操作数a | 操作数b | !a | a&&b | a\|\|b |
| --- | --- | --- | --- | --- |
| false | false | true | false | false |
| false | true | true | false | true |
| true | false | false | false | true |
| true | true | false | true | true |

逻辑运算符在程序中的应用。例如：

```
public class CLoperation {
    public static void main(String[] args){
        int i = 1;
        boolean b1=((i>0)&&(i<100));
        System.out.println("b1的值为：  "+b1);
    }
}
```

程序执行结果如图2-4所示。

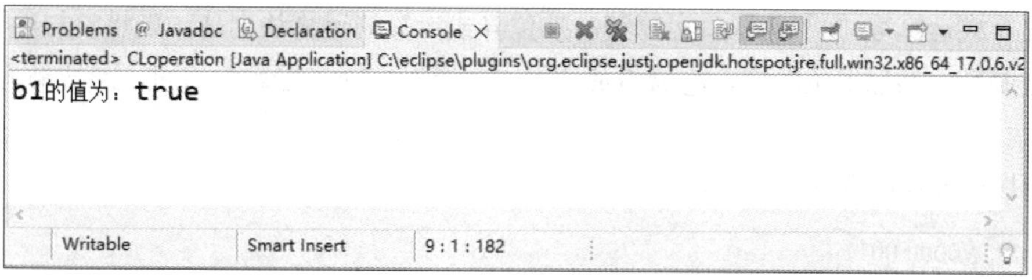

图 2-4　程序执行结果

# ■2.4.5　位运算符

位运算符用于对二进制的位进行操作，其操作数的类型是整数类型或字符类型，运算结果是整数。

整型在内存中以二进制形式表示，例如，int类型变量7的二进制表示是00000000 00000000 00000000 00000111。其中，左边最高位是符号位，最高位是0表示正数，是1则表示负数。负数采用补码表示，如-8的二进制表示为111111111 11111111 1111111 11111000。

了解了整型数据在内存中的表示形式后，接着开始介绍位运算符。

### 1. 按位与运算符（&）

按位与运算符"&"为双目运算符，其运算法则是：先将参与运算的数转换成二进制数，然后低位对齐，高位不足补零，如果对应的二进制位都是1，则结果为1，否则结果为0。

按位与运算符的示例如下：

```
int a = 3;    //0000 0011
int b = 5;    //0000 0101
int c = a&b;  //0000 0001
```

按照按位与运算的计算规则，3&5的结果是1。

### 2. 按位或运算符（|）

按位或运算符"|"为双目运算符，其运算法则是：先将参与运算的数转换成二进制数，然后低位对齐，高位不足补零，如果对应的二进制位只要有一个为1，则结果为1，否则结果为0。

使用按位或运算符的示例如下：

```
int a = 3;    //0000 0011
int b = 5;    //0000 0101
int c = a|b;  //0000 0111
```

按照按位或运算的计算规则，3|5的结果是7。

### 3. 按位异或运算符（^）

按位异或运算符"^"为双目运算符。按位异或运算的运算法则是：先将参与运算的数转换成二进制数，然后低位对齐，高位不足补零，如果对应的二进制位相同，则结果为0，否则结果为1。

使用按位异或运算符的示例如下：

```
int a = 3;    //0000 0011
int b = 5;    //0000 0101
int c = a^b;  //0000 0110
```

按照按位异或运算的计算规则，3^5的结果是6。

### 4. 按位取反运算符（~）

按位取反运算符"~"为单目运算符。按位取反运算的运算法则是：先将参与运算的数转换成二进制数，然后按位将1改为0、0改为1。

使用按位取反运算符的示例如下：

```
int a = 3;     //0000 0011
int b = ~ a;   //1111 1100
```

按照按位取反运算的计算规则，~3的结果是-4。

### 5. 右移位运算符（>>）

右移位运算符">>"为双目运算符。右移位运算的运算法则是：先将参与运算的数转换成二进制数，然后所有位置的数统一向右移动对应的位数，低位移出（舍弃），高位补符号位（正数补0，负数补1）。

使用右移位运算符的示例如下：

```
int a = 3;      //0000 0011
int b = a>>1;   //0000 0001
```

按照右移位运算的计算规则，3 >>1的结果是1。

### 6. 左移位运算符（<<）

左移位运算符"<<"为双目运算符。左移位运算的运算法则是：先将参与运算的数转换成二进制数，然后所有位置的数统一向左移动对应的位数，高位移出（舍弃），低位的空位补0。

使用左移位运算符的示例如下：

```
int a = 3;      //0000 0011
int b = a<<1;   //0000 0110
```

按照左移位运算的计算规则，3 <<1的结果是6。

### 7. 无符号右移位运算符（>>>）

无符号右移位运算符"&gt;&gt;&gt;"为双目运算符。无符号右移位运算的运算法则是：先将参与运算的数转换成二进制数，然后所有位置的数统一向右移动对应的位数，低位移出（舍弃），高位补0。

使用无符号右移位运算符的示例如下：

```
int a = 3;        //0000 0011
int b = a>>>1;   //0000 0001
```

按照无符号右移位运算的计算规则，3 >>>1的结果是1。

位运算符的使用方法示例如下：

```java
public class BitOperation {
  public static void main(String[] args) {
    int i = 3;
    int j = 5;
    System.out.println("i&j的值为： " + (i&j));
    System.out.println("i|j的值为： " + (i|j));
    System.out.println("i^j的值为： " + (i^j));
    System.out.println("~i的值为： " + (~i));
    System.out.println("i>>1的值为： " + (i>>1));
    System.out.println("i<<1的值为： " + (i<<1));
    System.out.println("i>>>1的值为： " + (i>>>1));
  }
}
```

程序执行结果如图2-5所示。

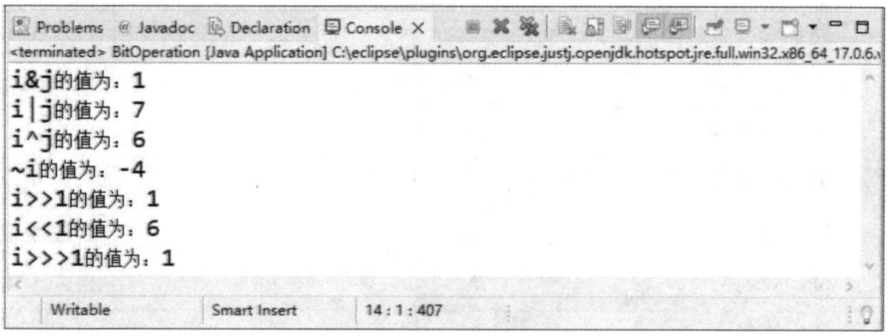

图 2-5　程序执行结果

## ■2.4.6 条件运算符

条件运算符"？:"需要3个操作数，所以又被称为三元运算符。条件运算符的语法规则如下：

<布尔表达式>？value1:value2

如果"布尔表达式"的结果为true，就返回value1；如果"布尔表达式"的结果为false，则返回value2。

使用条件运算符的示例如下：

```
int a = 3;
int b = 5;
int c = (a > b)? 1:2;
```

按照条件运算符的计算规则，执行后c的值为2。

## ■2.4.7　运算符的优先级与结合性

Java语言规定了运算符的优先级与结合性。在表达式求值时，先按照运算符的优先级由高到低的次序执行，例如，算术运算符中的乘、除运算优先于加、减运算。

对于同优先级的运算符要根据它们的结合性来确定。运算符的结合性决定它们是从左到右计算（左结合性）还是从右到左计算（右结合性）。左结合性很好理解，因为大部分的运算符都是从左到右计算的。需要注意的是右结合性的运算符，主要有3类：赋值运算符（如"="
"+="等）、一元运算符（如"++""！"等）和三元运算符（即条件运算符）。表2-7列出了各个运算符优先级的排列与结合性。

表 2-7　运算符的优先级与结合性

| 优先级 | 描述 | 运算符 | 结合性 |
|---|---|---|---|
| 1 | 括号运算符 | ()、[] | 自左至右 |
| 2 | 自增、自减、逻辑非 | ++、--、！ | 自右至左 |
| 3 | 算术运算符 | *、/、% | 自左至右 |
| 4 | 算术运算符 | +、- | 自左至右 |
| 5 | 移位运算符 | <<、>>、>>> | 自左至右 |
| 6 | 关系运算符 | <、<=、>、>= | 自左至右 |
| 7 | 关系运算符 | ==、!= | 自左至右 |
| 8 | 位运算符 | & | 自左至右 |
| 9 | 位运算符 | ^ | 自左至右 |
| 10 | 位运算符 | \| | 自左至右 |
| 11 | 逻辑运算符 | && | 自左至右 |
| 12 | 逻辑运算符 | \|\| | 自左至右 |
| 13 | 条件运算符 | ？: | 自右至左 |
| 14 | 赋值运算符 | =、+=、-=、*=、/=、%= | 自右至左 |

因为括号优先级最高，所以当无法确定某种计算的执行次序时，可以使用加括号的方法来明确指定运算的顺序，这样不容易出错，同时也是提高程序可读性的一个重要方法。

# 2.5 数据类型转换

当一种数据类型变量的值赋给另外一种数据类型的变量时，就会涉及数据类型的转换。数据类型的转换有两种方式：隐式类型转换（自动转换）和显式类型转换（强制转换）。

## ■2.5.1 隐式类型转换

从低级类型向高级类型的转换，系统将自动执行，程序员无须进行任何操作，这种类型的转换称为隐式类型转换。

下列基本数据类型会涉及数据转换，不包括逻辑类型和字符类型。这些类型按精度从低到高排列的顺序为：byte < short < int < long < float < double。

使用int型变量为float型变量赋值，此时int型变量将隐式转换成float型变量。实例代码如下：

```
int a = 3;      //声明int型变量a
double b = a;   //将a赋值给b
```

此时如果输出b的值，结果将是3.0。

整型、浮点、字符型数据可以混合运算。不同类型的数据先转换为同一类型（从低级到高级），然后进行运算，转换规则见表2-8。

**表 2-8 数据类型自动转换规则**

| 操作数1的类型 | 操作数2的类型 | 转换后的类型 |
| --- | --- | --- |
| byte、short、char | int | int |
| byte、short、char、int | long | long |
| byte、short、char、int、long | float | float |
| byte、short、char、int、long、float | double | double |

## ■2.5.2 显式类型转换

当把高精度的变量的值赋给低精度的变量时，必须使用显式类型转换运算，又称强制类型转换。需要注意的是，强制类型转换可能会导致数据精度的损失。

强制类型转换的语法规则如下：

（type）variableName;

其中，type为variableName要转换的数据类型，而variableName是将要进行类型转换的变量名称，示例如下：

```
int a = 3;
double b = 5.0;
a = (int)b;   //将double类型的变量b的值转换为int类型，然后赋值给变量a
```

此时如果输出a的值，结果将是5。

# 2.6　流程控制语句

程序通过流程控制语句决定程序的走向并完成特定的任务。在默认情况下，系统按照语句的先后顺序依次执行，这就是顺序结构。顺序结构很简单，无法处理很多复杂的问题。为此，在计算机编程语言中还提供了分支结构、循环结构和跳转结构语句。

本节主要是对分支结构、循环结构和跳转结构中涉及的流程控制语句进行介绍。

## ■2.6.1　分支语句

分支语句提供了一种机制，这种机制使得程序在执行过程中可以跳过某些语句不执行（根据条件有选择地执行某些语句），它解决了顺序结构不能判断的缺点。

Java语言中用的最多的分支语句是if语句和if-else语句，它们也被称为条件语句或选择语句。

### 1. if语句

if语句的语法格式如下：

```
if(条件表达式) {
   语句块;
}
```

上述语句表示：如果if关键字后面的条件表达式成立，那么程序就执行语句块，其执行流程如图2-6所示。

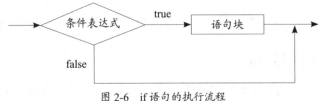

图 2-6　if语句的执行流程

当if后面的条件表达式为true时，则执行紧跟其后的语句块；如果条件表达式为false，则执行程序中if语句后面的其他语句。语句块中如果只有一个语句，可以不用{}括起来，但为了增强程序的可读性，建议不要省略。

【示例2-1】通过键盘输入一个代表年龄的整数，判断该整数是否大于18。代码如下：

```
import java.util.Scanner; //导入包
public class IFTest {
    public static void main(String[] args){
        System.out.println("请输入你的年龄: ");
        Scanner sc = new Scanner(System.in);
        int age = sc.nextInt(); //接收键盘输入的数据
        if (age>=18){
            System.out.println("你已经是成年人了! ");
        }
    }
}
```

程序执行结果如图2-7所示。

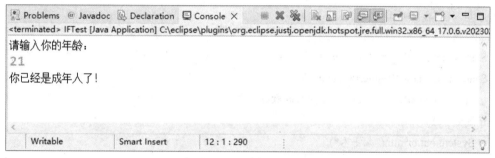

图 2-7　程序执行结果

### 2. if-else语句

if-else语句的语法格式如下:

```
if(条件表达式) {
  语句块1;
} else {
  语句块2;
}
```

上述语句表示: 如果if关键字后面的条件表达式成立, 那么程序就执行语句块1, 否则执行语句块2。该语句的执行流程如图2-8所示。

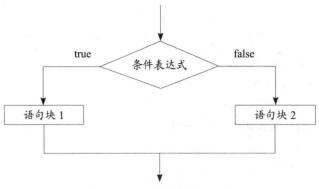

图 2-8　if-else 语句的执行流程

【示例2-2】通过键盘输入一个代表年龄的整数，判断该整数是否大于18，如果大于或等于18输出"成年人"，否则输出"未成年人"。代码如下：

```java
import java.util.Scanner; //导入包
public class IfElseTest {
    public static void main(String[] args){
        System.out.println("请输入你的年龄: ");
        Scanner sc = new Scanner(System.in);
        int age = sc.nextInt(); //接收键盘输入的数据
        if (age>=18){
            System.out.println("成年人");
        }else{
            System.out.println("未成年人");
        }
    }
}
```

程序执行结果如图2-9所示。

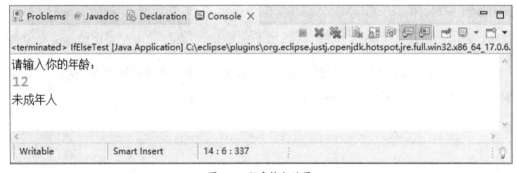

图 2-9　程序执行结果

### 3. if-else嵌套语句

if-else嵌套语句的功能很强大，它几乎可以解决所有的分支问题。if-else语句可以嵌套使用，这样便可以解决多分支的问题。

if-else嵌套语句的语法格式如下：

```
if(条件表达式1) {
  if(条件表达式2) {
    语句块1;
  } else {
    语句块2;
  }
} else {
  if(条件表达式3) {
    语句块3;
  } else {
    语句块4;
  }
}
```

其执行流程如图2-10所示。

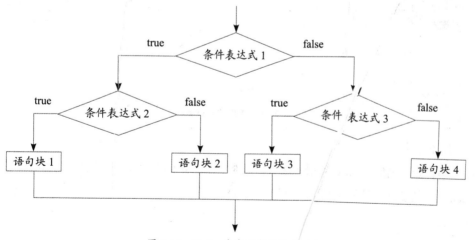

图 2-10　if-else 嵌套语句的执行流程

【示例2-3】通过键盘输入两个整数，比较它们的大小并输出。代码如下：

```java
import java.util.Scanner; //导入包
public class IfElseNestTest {
  public static void main(String[] args){
    Scanner sc = new Scanner(System.in);
    System.out.println("请输入x1:");
```

```
    int x1 = sc.nextInt();
    System.out.println("请输入x2:");
    int x2 = sc.nextInt();
    if(x1>x2){
        System.out.println("结果是:" + "x1 > x2");
    }else{
        if(x1<x2){
            System.out.println("结果是:" + "x1 < x2");
        }else{
            System.out.println("结果是:  " + "x1 = x2");
        }
    }
}
}
```

程序执行结果如图2-11所示。

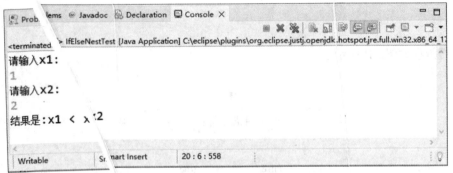

图 2-11　程序执行结果

## 4. switch语句

在Java中，除了if语句和if-else语句之外，还有一个常用的多分支开关语句——switch语句。

switch语句是多分支的开关语句，它的语法格式如下：

```
switch(表达式){
    case    值1:
        语句块1;
        break;
    case    值2:
        语句块2;
        break;
    ...
    case    值n:
```

```
        语句块n;
        break;
    default:
        语句块n+1;
}
```

其中，switch、case、break是Java的关键字。switch语句的执行流程如图2-12所示。

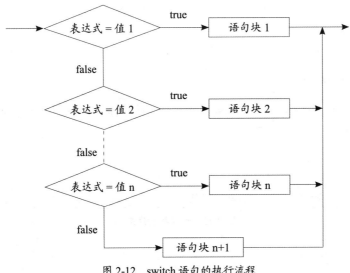

图2-12 switch语句的执行流程

【示例2-4】利用switch语句处理表达式中的运算符，并输出运算结果。代码如下：

```java
public class SwitchTest {
    public static void main(String[] args){
        int x=6;
        int y=9;
        char op='+'; //运算符
        switch(op){
        //根据运算符，执行相应的运算
        case '+':  //输出x+y
            System.out.println("x+y="+ (x+y));
            break;
        case '-':  //输出x-y
            System.out.println("x-y="+ (x-y));
            break;
        case '*':  //输出x*y
            System.out.println("x*y="+ (x*y));
            break;
```

```
        case '/':    //输出x /y
            System.out.println("x/y="+ (x/y));
            break;
        default:
            System.out.println("输入的运算符不合适！ ");
        }
    }
}
```

程序执行结果如图2-13所示。

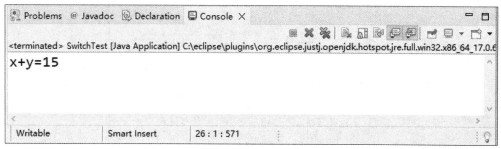

图 2-13   程序执行结果

# ■2.6.2   循环语句

循环语句的作用是反复执行一段代码，直到满足特定条件为止。Java 语言中提供的循环语句主要有3种，分别是while语句、do-while语句、for语句。

### 1. while语句

while语句的格式如下：

```
while(条件表达式){
    语句块;
}
```

执行while循环时，首先判断"条件表达式"的值，如果为true，则执行语句块。每执行一次语句块，都会重新计算条件表达式的值，如果为true，则继续执行语句块，直到条件表达式的值为false时结束循环。

while语句的执行流程如图2-14所示。

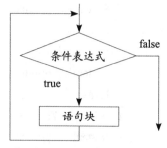

图 2-14   while 语句的执行流程

【示例2-5】利用while语句计算1到100之间的整数之和，并输出运算结果。代码如下：

```java
public class WhileTest {
    public static void main(String[] args){
        int sum=0;
        int i=1;
        //如果 i<=100，则执行循环体，否则结束循环
        while(i<=100){
            sum = sum + i;
            //改变循环变量的值，防止死循环
            i = i +1;
        }
        System.out.println("sum = " + sum);
    }
}
```

程序执行结果如图2-15所示。

图 2-15    程序执行结果

## 2. do-while语句

do-while语句的格式如下：

```java
do{
    语句块;
}while(条件表达式);
```

do-while循环与while循环的不同在于：它先执行语句块，再判断条件表达式的值是否为true，如果为true则继续执行语句块，直到条件表达式的值为false为止。因此，do-while语句至少要执行一次语句块。

do-while语句的执行流程如图2-16所示。

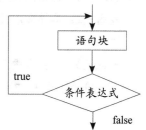

图 2-16   do-while 语句的执行流程

【示例2-6】利用do-while语句计算1到5的阶乘，并输出计算结果。代码如下：

```
public class DoWhileTest {
  public static void main(String[] args){
    int result=1;
    int i=1;
    do{
      result = result * i;
      //改变循环变量的值，防止死循环
      i = i +1;
    } while(i<=5) ;
    System.out.println("result = " + result);
  }
}
```

程序执行结果如图2-17所示。

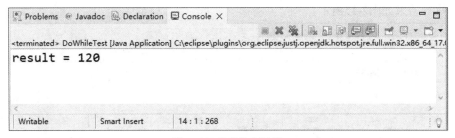

图 2-17　程序执行结果

### 3. for语句

for语句是功能最强、使用最广泛的一个循环语句。for语句的语法格式如下：

```
for(表达式1;表达式2;表达式3){
  语句块;
}
```

for语句中3个表达式之间用";"分开，它们的具体含义如下：

- **表达式1**：初始化表达式，通常用于给循环变量赋初值。
- **表达式2**：条件表达式，它是一个布尔表达式，只有值为true时才会继续执行for语句中的语句块。
- **表达式3**：更新表达式，用于改变循环变量的值，避免死循环。

for语句的执行流程如图2-18所示。

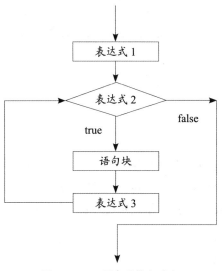

图 2-18 for 语句的执行流程

for语句的执行流程：

（1）首先计算表达式1，完成循环变量的初始化工作。

（2）计算表达式2的值，如表达式2的值为true，则执行语句块，否则不执行语句块，跳出循环语句。

（3）执行完语句块（即完成一次循环）后，计算表达式3，负责改变循环变量的状态。

（4）转入（2）继续执行。

【示例2-7】利用for语句计算1到100之间能被3整除的数之和，并输出计算结果。代码如下：

```java
public class ForTest {
    public static void main(String[] args){
        int sum=0;
        int i=1;
        for(i=1;i<=100;i++)    {
            if (i%3==0){ //判断 i 能否整除3
                sum = sum + i;
            }
        }
        //打印计算结果
        System.out.println("sum = " + sum);
    }
}
```

程序执行结果如图2-19所示。

图 2-19　程序执行结果

### 4. 循环语句嵌套

循环语句嵌套就是循环语句的循环体中又包含另外一个循环语句。Java语言支持循环语句嵌套，如for循环语句嵌套、while循环语句嵌套，也支持二者的混合嵌套。

【示例2-8】利用for循环语句嵌套打印九九乘法表。代码如下：

```java
public class MulForTest {
    public static void main(String[] args){
        for(int i=1;i<=9;i++){//第一重循环
            for(int j=1;j<=i;j++){//第二重循环
                System.out.print(i+"*"+j+"=" + (i*j)+ "\t");
            }
            System.out.println();
        }
    }
}
```

程序执行结果如图2-20所示。

图 2-20　程序执行结果

## ■2.6.3　跳转语句

跳转语句用来实现循环语句执行过程中的执行流程转移。前面介绍switch语句时用到的break语句就是一种跳转语句。在Java语言中，经常使用的跳转语句是break语句和continue语句。

### 1. break语句

在Java语言中，break语句用于强行跳出循环体，不再执行循环体中break后面的语句。如果break语句出现在嵌套循环中的内层循环，则break的作用是跳出内层循环。

【示例2-9】利用for循环语句计算1到100之间的整数之和，当和大于500时，使用break跳出循环，并打印此时的求和结果。代码如下：

```java
public class BreakTest {
    public static void main(String[] args){
        int sum=0;
        for(int i=1;i<=100;i++){
            sum = sum + i;
            if(sum>500){
                break;
            }
        }
        System.out.println("sum = " + sum);
    }
}
```

程序执行结果如图2-21所示。

图 2-21　程序执行结果

从程序执行结果可以发现，当sum的值大于500时，程序执行break语句跳出循环体，不再继续执行求和运算，此时sum的值为528，而不是1到100之间的所有数之和5050。

### 2. continue语句

continue语句只能用在循环语句中，否则将会出现编译错误。当程序在循环语句中执行到continue语句时，程序一般会自动结束本次循环体的执行，并回到循环的开始处重新判断循环条件，决定是否继续执行循环体。

【示例2-10】输出1到10之间所有不能被3整除的自然数。代码如下：

```java
public class ContinueTest {
    public static void main(String[] args){
        for(int i=1;i<=10;i++){
            if(i%3==0){
                continue; //结束本次循环
            }
            System.out.println("i = " + i);
        }
```

```
        }
    }
```

程序执行结果如图2-22所示。

从程序执行结果可以发现，1到10之间能被3整除的自然数在结果中均没有出现。这是因为当程序遇到能被3整除的自然数时，满足了if语句的判断条件，因而执行了continue语句，不再执行continue语句后面的输出语句，而是开始了新一轮的循环，所以能被3整除的数没有出现在结果中。

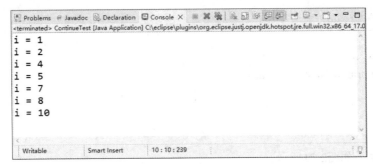

图 2-22　程序执行结果

# 2.7　注释语句

使用注释可以提高程序的可读性，可以帮助程序员更好地阅读和理解程序。在Java源程序文件的任意位置都可添加注释语句。Java编译器对注释的文字不进行编译，所有代码中的注释文字对程序不产生任何影响。Java语言提供了3种添加注释的方法，分别为单行注释、多行注释和文档注释。

**1. 单行注释**

"//"为单行注释标记，从符号"//"开始直到换行为止的所有内容均作为注释而被编译器忽略。

单行注释的语法格式如下：

```
//注释内容
```

例如，以下代码为声明的int型变量添加注释。

```
int age ;              //定义int类型变量，用于保存年龄信息
```

**2. 多行注释**

"/* */"为多行注释标记，符号"/*"与"*/"之间的所有内容均为注释内容。注释中的内容可以换行。

多行注释的语法格式如下：

```
/*
注释内容1
注释内容2
…
*/
```

有时为了多行注释的美观，编程人员习惯上在每行的注释内容前面加入一个"*"号，构成如下的注释格式：

```
/*
*注释内容1
*注释内容2
*…
*/
```

### 3. 文档注释

"/** */"为文档注释标记。符号"/**"与"*/"之间的内容均为文档注释内容。当文档注释出现在声明（如类的声明、类的成员变量的声明、类的成员方法声明等）之前时，会被Javadoc文档工具读取作为Javadoc文档内容。文档注释的格式与多行注释的格式相同。对于初学者而言，文档注释并不是很重要，了解即可。

文档注释的语法格式如下：

```
/**
*注释内容1
*注释内容2
*…
*/
```

文档注释的注释方法与多行注释很相似，但它是以"/**"符号作为注释的开始标记的。与单行、多行注释一样，被"/**"和"*/"符号注释的所有内容均会被编译器忽略。

## 2.8 数组

在解决实际问题的过程中，常常需要处理大量相同类型的数据，而且这些数据往往会被反复使用。这种情况下通常就需要用到数组。数组就是相同数据类型的数据按顺序组成的一种复合型数据类型。数据类型可以是基本数据类型，也可以是引用数据类型。当数组元素的类型仍然是数组时，就构成了多维数组。

数组名可以是任意合法的Java标识符。数组中的数据通过数组名和下标来使用，Java中数组的下标从0开始。使用数组的好处是：可以让一批相同性质的数据共用一个变量名，而不必

为每个数据命名一个名字；数组便于用循环语句来处理，可以使程序书写大为简便清晰，可读性大大提高。

# ■2.8.1  一维数组

一维数组是指维度为1的数组，它是数组最简单的形式，也是最常用的数组。

### 1. 声明数组

与变量一样，使用数组之前，必须先声明数组。声明一维数组的语法格式有以下两种：

```
数据类型 数组名[ ];
数据类型 [ ] 数组名;
```

其中，数据类型可以是基本数据类型，也可以是引用数据类型；数组名可以是任意合法的Java标识符。

采用不同方式声明两个一维数组，例如：

```
int [] a1;   //整型数组
double b1[]; //浮点型数组
```

注意，在声明数组时，不能指定数组的长度，否则编译无法通过。

### 2. 分配空间

声明数组仅仅为数组指定了数组名和数组元素的类型，并没有为元素分配实际的存储空间，还需要为数组分配空间后才能使用。

分配空间就是告诉计算机在内存中为数组分配几个连续的位置用来存储数据。在Java中使用关键字new来为数组分配空间，其语法格式如下：

```
数组名 = new 数据类型[数组长度];
```

其中，数组长度就是数组中能存放的元素个数，是一个大于零的整数。

### 3. 一维数组的初始化

初始化一维数组是指分别为数组中的每个元素赋值，可以通过以下两种方法进行数组的初始化。

（1）直接指定初值的方式。

在声明一个数组的同时将数组元素的初值依次写入赋值号后的一对花括号内，给这个数组的所有元素赋初始值。这样，Java编译器可通过初值的个数确定数组元素的个数，为它分配足够的存储空间并将这些值写入相应的存储单元。

语法格式如下：

```
数据类型 数组名[ ] = {元素值1,元素值2,元素值3, ... ,元素值n};
```

使用直接指定初值的方式初始化一维数组，例如：

```
int [ ] a1 = {23,-9,38,8,65};
double b1[] = {1.23, -90.1, 3.82, 8.0 ,65.2};
```

（2）通过下标赋值的方式。

数组元素在数组中按照一定的顺序排列编号，首元素的编号规定为0，其他元素按顺序编号。元素编号也称为下标或索引，因此数组下标依次为0,1,2,3,…。数组中的每个元素可以通过下标访问，例如，a1[0]表示数组a1的第1个元素。

通过下标赋值的语法格式如下：

数组名[下标] = 元素值;

通过下标赋值方式初始化数组a1，例如：

```
a1[0] = 13;
a1[1] = 14;
a1[2] = 15;
a1[3] = 16;
...
```

### 4. 一维数组的应用

下面是一个数组应用的实例。

【示例2-11】在数组中存放4位同学的成绩，计算这4位同学的总成绩和平均成绩。代码如下：

```
public class Array1Test {
    public static void main(String[] args){
        double score[]={76.5,88.0,92.5,65};
        double sum =0;
        for(int i=0;i<score.length;i++){
        sum = sum + score[i];
        }
        System.out.println("总成绩为： " + sum);
        System.out.println("平均成绩为： " + sum/score.length);
    }
}
```

程序执行结果如图2-23所示。

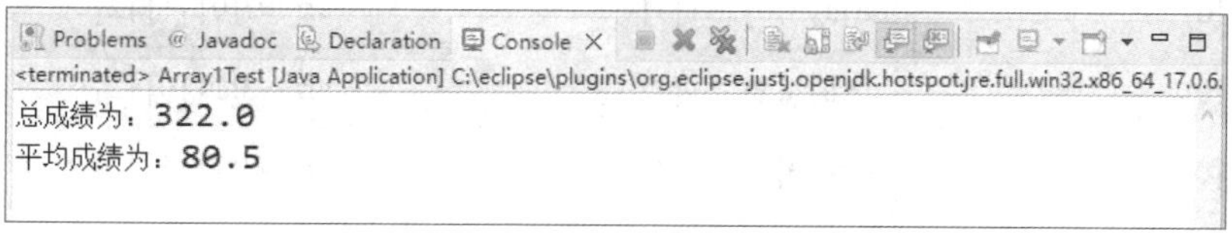

图 2-23　程序执行结果

## ■2.8.2 多维数组

在介绍数组的基本概念时，已经指出：数组元素类型可以是Java语言中允许的任何数据类型。当数组元素的类型仍然是数组类型时，就构成了多维数组。例如，二维数组实际上就是每个数组元素都是一维数组的一维数组。

### 1. 声明多维数组

声明多维数组的语法格式也有两种方式，这里以二维数组为例：

数据类型 数组名[ ] [ ];
数据类型 [ ] [ ] 数组名;

采用不同方式声明两个多维数组，例如：

int [][] matrix;    //整型二维数组
double b1[][][];  //浮点型三维数组

注意，在声明数组时，不能指定数组的长度，否则编译无法通过。

### 2. 分配空间

声明数组仅仅是为数组指定数组名和数组元素的类型，并没有为元素分配实际的存储空间，还需要为数组分配空间才能使用。

分配空间就是告诉计算机在内存中为数组分配几个连续的位置来存储数据。在Java中使用关键字new来为数组分配空间。为多维数组（这里以三维数组为例）分配空间的语法格式如下：

数组名 = new 数据类型[数组长度1] [数组长度2] [数组长度3];

其中，数组长度1是第一维数组元素个数，数组长度2是第二维数组元素个数，数组长度3是第三维数组元素个数。

例如，声明一个整型三维数组，并为其分配空间。

int array3[][][] = new int[2] [2] [3];

该数组有2×2×3个元素，各元素在内存中的存储情况如表2-9所示。

表2-9　三维数组 array3 的元素存储情况

| array3[0] [0] [0] | array3[0] [0] [1] | array3[0] [0] [2] |
|---|---|---|
| array3[0] [1] [0] | array3[0] [1] [1] | array3[0] [1] [2] |
| array3[1] [0] [0] | array3[1] [0] [1] | array3[1] [0] [2] |
| array3[1] [1] [0] | array3[1] [1] [1] | array3[1] [1] [2] |

## 3. 多维数组的初始化

初始化多维数组是指分别为多维数组中的每个元素赋值。可以通过以下两种方法进行多维数组的初始化。

（1）直接指定初值的方式。

在声明一个多维数组的同时将数组元素的初值依次写入赋值号后的一对花括号内，给这个数组的所有元素赋初始值。这样，Java编译器可通过初值的个数确定数组元素的个数，为它分配足够的存储空间并将这些值写入相应的存储单元。

以二维数组为例，其语法格式如下：

数据类型 数组名[ ] [ ] = {数组1, 数组2 };

使用直接指定初值的方式初始化二维数组，例如：

int matrix2[][] = {{1, 2, 3}, {4,5,6}};

（2）通过下标赋值的方式。

通过下标赋值方式给多维数组赋初值，例如：

```
int matrix3[][] = new int[2][3];
matrix3 [0] [0] = 0;
matrix3 [0] [1] = 1;
matrix3 [0] [2] = 2;
matrix3 [1] [0] = 3;
matrix3 [1] [1] = 4;
matrix3 [1] [2] = 5;
```

## 4. 多维数组的应用

以二维数组为例，介绍多维数组的应用。在二维数组中，可用length()方法测定二维数组的长度，即元素的个数。只不过使用"数组名.length"得到的是二维数组的行数，而使用"数组名[i].length"得到的是i+1行的列数。

例如，声明一个二维数组。

int[ ][ ] arr1={{3, -9},{8,0},{11,9} };

则arr1.length的返回值是3，表示数组arr1有3行。而arr1[1].length的返回值是2，表示arr1[1]对应的行（第2行）有2个元素。

【示例2-12】声明并初始化一个二维数组，然后输出该数组中各元素的值。代码如下：

```
public class Array2Test {
    public static void main(String[] args){
        int i=0;
```

```
    int j=0;
    int ss[][] = {{1,2,3},{4,5,6},{7,8,9}};
    for(i=0;i<ss.length;i++){
        for (j=0;j<ss[i].length;j++){
            System.out.print("ss["+i+"]["+j+"]="+ss[i][j]+" ");
        }
        System.out.println();
    }
}
```

程序执行结果如图2-24所示。

图 2-24　程序执行结果

## 课后练习

通过对本章内容的学习，读者应对Java语言的语法规则和程序流程控制有比较深入的理解，和数组结合在一起可以尝试开发一些Java应用程序。

**练习1：**

通过键盘输入年份，根据输入的年份判断该年份是否为闰年，并输出判断结果。

**练习2：**

通过键盘输入年份和月份，根据输入的年份和月份判断该月份的天数，并输出结果。

**练习3：**

通过键盘输入两个整数，计算这两个整数之间的所有奇数之和，并输出计算结果。

**练习4：**

通过键盘输入两个整数，计算这两个整数之间的所有素数之和，并输出计算结果。

# 第3章

# 面向对象编程基础

## 内容概要

面向对象程序设计（object-oriented programming, OOP）是目前比较流行的程序设计方法，和面向过程程序设计相比，它更符合人们的自然思维方式。本章将详细介绍面向对象程序设计的基本概念，如类、对象、访问说明符、修饰符、this引用、重载等，并进一步讲解Java面向对象程序设计的实现方式。

# 3.1　面向对象程序设计概述

面向对象程序设计方法中的重要概念就是对象，程序设计中的对象是指将数据和对数据进行操作的算法封装在一起形成对象，即对象 = 数据结构 + 算法。就一个对象而言，它的数据结构和对这些数据进行操作的算法的复杂程度不会很大，而程序就是若干对象的集合。

对象封装的目的在于将对象的使用者和设计者分开，使用者只需了解接口，而设计者的任务是如何封装一个类、哪些内容需要封装在类的内部、需要为类提供哪些接口等。

总之，面向对象程序设计方法是一种以对象为中心的程序设计方式。它包括以下几个主要概念：抽象、对象、类、封装、继承、多态性、消息、结构的关联。

**1. 抽象**

抽象是人类在认识复杂现象的过程中使用的最强有力的思维工具之一。所谓抽象，就是在认识事物时抽出事物的本质特征而暂不考虑它们的细节。例如，从现实世界存在的不同实体（如长方形、正方形、椭圆形等物体）中抽取它们的共性——形状（shape）的特性，如图3-1所示。

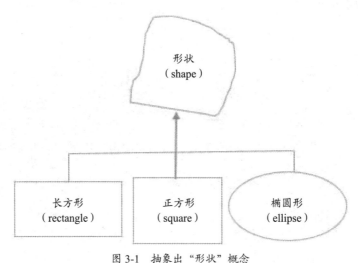

图 3-1　抽象出"形状"概念

**2. 对象**

对象（object）是指客观世界存在的具体实体，具有明确定义的状态和行为。对象既可以是有形的，如一本书、一辆车等，也可以是无形的规则、计划或事件，如记账单、一项记录等。

用程序设计的语言来说，对象是封装了数据结构及可以施加在这些数据结构上的操作的封装体。属性和操作是对象的两大要素。属性是对对象静态特征的描述，操作是对对象动态特征的描述，也称方法或行为，图3-2所示为法拉利汽车对象。

图 3-2　法拉利汽车对象

### 3. 类

类（class）是对一组有相同数据和相同操作的对象的定义，一个类所包含的方法和数据描述的是一组对象的共同属性和行为。类是在对象之上的抽象，而对象则是类的具体化，是类的实例（instance），它包括属性和方法。

### 4. 封装

封装是一种信息隐蔽技术，它体现于类的定义中，是对象的重要特性。通过封装可把对象的实现细节对外界隐藏。封装具有两层含义：

- 把对象的全部属性和全部服务结合在一起，形成一个不可分割的独立单位。
- 称作"信息隐蔽"，即尽可能隐蔽对象的内部细节，对外形成一个边界（或者说形成一道屏障），只保留有限的对外接口，使之与外部发生联系。

### 5. 继承

继承是指子类自动共享父类的数据和方法的机制。它由类的派生功能体现。一个类直接继承其父类的全部描述，同时可修改和扩充。继承具有传递性，使得一个类可以继承另一个类的属性和方法，图3-3表示几种图形之间的继承关系。

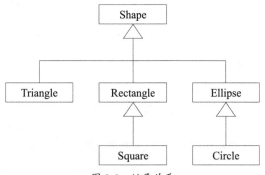

图 3-3　继承关系

其中，子类Square继承了父类Rectangle的特性，同时又具有自身新的属性和服务。

子类和父类是相对而言的。例如，定义哺乳动物是一般类（称为基类、超类或父类），则狗类和猫类是特殊类（也称子类）；在狗类和黑狗类之间，狗类是一般类，黑狗类是特殊类。

### 6. 多态性

多态性是指不同类型的对象接收相同的消息时产生不同的行为。这里的消息主要是对类中成员函数的调用，而不同的行为是指类成员函数的不同实现。当对象接收到发送给它的消息时，根据该对象所属的类动态选用在该类中定义的实现算法。在图3-3中，当方法drawShape()消息发出时，不同的子类（如Rectangle、Triangle等）对该消息的响应是不同的，不同的子类会自动判断自己所属的类并执行相应的服务。

### 7. 消息

向某个对象发出的服务请求称作消息。对象提供的服务的消息格式称作消息协议。

消息包括被请求的对象标识、被请求的服务标识、输入信息和应答信息。例如，向Square类的对象square发送的消息drawShape的执行为：square.drawShape()。

### 8. 结构的关联

结构的关联体现的是系统中各个对象间的联接关系，主要包括部分/整体、一般/特殊、实例连接、消息连接等。

- 部分/整体是指对象之间存在部分与整体的结构关系。该关系有两种方式：组合与聚集。组合关系中部分和整体的关系很紧密。聚集关系中则比较松散，一个部分对象可以属于几个整体对象。图3-4为组合关系。

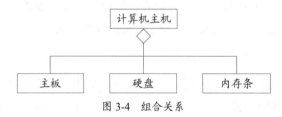

图 3-4　组合关系

- 一般/特殊是指对象之间存在着一般和特殊的结构关系，也就是说它们存在继承关系。很多时候也称作泛化和特化关系。
- 实例连接表现的是对象之间的静态联系，它通过对象的属性来表现出对象之间的依赖关系。对象之间的实例连接称作链接，对象类之间的实例连接称作关联。
- 消息连接表现的是对象之间的动态联系，它表现了这样一种联系：一个对象发送消息请求另一个对象的服务，接收消息的对象响应消息，执行相应的服务。

## 3.2　类与对象

Java中类的定义包括类中成员和方法的定义。本节将介绍Java中类的定义及类对象的创建。

## ■3.2.1　类的定义

类可看作创建对象的模板（或图纸），而它本身不是对象。定义类就是要定义类的属性与行为（也称方法）。类可理解成Java中一种新的数据类型，它是Java程序设计的基本单位。类一般都会有成员变量（属性）和成员函数（方法），以及类的成员变量和成员函数在类的内部定义。

Java定义类的格式如下：

```
[访问说明符] [修饰符] class 类名
{
    类成员变量声明        //描述对象的状态
    类方法声明            //描述对象的行为
}
```

说明：

- 访问说明符和修饰符是可选的，二者的详细内容将在后续章节介绍。
- class是定义类的关键字。
- 类名指要构建的具体类，类名是必要的，在定义类时必须给出来，其命名必须遵循Java的命名方式。

例如：

```
class Employee {                            //定义Employee类（职员类）
    String employeeName;                    //类的属性：employeeName（职员姓名）
    public void setEmployeeSalary(double salary){   //设置职员的薪水
        // 该方法带有一个double类型的参数，无返回值
    }
    public String  toString() {             //输出职员的基本信息
        // 该方法不带参数，但有一个String类型的返回值
        system.out.println( "Employee name  is  " + employeeName);
    }
}
```

此例中，定义了一个职员类Employee，该类有一个属性employeeName，两个方法setEmployeeSalary()和toString()。类的属性也叫类的成员变量，类的方法也叫类的成员函数。一个类中的方法可以直接访问同类中的任何成员（包括成员变量和成员函数），例如，toString()方法可以直接访问同一个类中的employeeName变量。

## ■3.2.2　成员变量

成员变量（类的属性）的声明格式如下：

```
[访问说明符] [修饰符] 数据类型 变量名;
```

说明：

- 访问说明符和修饰符是可选的。
- 数据类型是指被储存数据的类型，可以是Java的任何有效数据类型。该项是必需的。
- 变量名是为定义变量指定的变量名称。该项是必需的。
- 成员变量定义以分号终止。

例如，上述Employee类的定义中， String employeeName; 语句即为成员变量employeeName的声明。

## ■3.2.3 成员方法

类的方法，也称类的成员函数，用来规定类属性上的操作，实现类对外界提供的服务，也是类与外界交流的接口。方法的实现包括两部分内容：方法声明和方法体。

成员方法的声明格式如下：

```
[访问说明符] [修饰符] 返回值类型 方法名 （参数列表）{
//方法体声明
  局部变量声明;
  语句序列;
}
```

说明：

- 返回值类型是指方法返回值的数据类型。

例如，类Employee中的两个方法的定义：

```
public void setEmployeeSalary(double salary)  //没有返回值，方法的返回值类型为void
public String toString()  //返回String数据类型，即方法的返回值类型为String
```

- 方法名是指所定义的方法的名称。方法名必须遵循Java的命名约定。因为方法用于定义类的行为，所以方法名通常用动词+名词的组合，以反映类的行为，如printEmployeeName。
- 参数列表是传递给方法的一组信息，它必须被明确写在方法名后面的括号里，多个参数之间用逗号分隔。

## ■3.2.4 创建对象

### 1. 对象的声明

对象的声明主要是声明该对象是哪个类的对象，语法如下：

```
类名 变量名列表;
```

---

❶ 提示：变量名列表可包含一个对象名或多个对象名，如果含有多个对象名，对象名之间应采用逗号分隔。当声明一个对象时，即为该对象名在栈内存中分配了内存空间，此时它的值为null，表示不指向任何对象。

---

**2. 对象的创建**

在声明对象时，并没有为该对象在堆内存中分配空间，只有通过new操作才能完成对象的创建，并为该对象在堆内存中分配空间。

创建对象的语法如下：

对象名 = new 构造方法([实参列表]);

创建对象最好采取下述语法一步完成：

类名 对象名 = new 构造方法([实参列表]);

例如：

Employee employee = new Employee("100001");  //创建工号为100001的员工对象

**3. 对象的使用**

声明并创建对象的目的是为了使用它。对象的使用包括使用其成员变量和成员方法，运算符"."可以实现对成员变量的访问和成员方法的调用。非静态的成员变量和成员方法的使用语法如下：

对象名.成员变量名;
对象名.成员方法名([实参列表]);

例如：

employee.employeeName;
employee.toString( );

# ■3.2.5 成员变量和成员方法的使用

**1. 使用成员变量**

一旦定义了成员变量，就能初始化并进行计算或其他操作。

● 在同一个类中使用成员变量。

例如：

```
class Camera{
  int numOfPhotos;              //成员变量，照片数目
  public void incrementPhotos(){  //成员方法，增加照片的个数
    numOfPhotos++;              //使用成员变量numOfPhotos
  }
}
```

● 在另外一个类中使用成员变量。

通过创建类的对象，然后使用"."操作符指向该对象的成员变量，例如：

```java
class Robot{
    Camera camera;                    // 声明Camera类的对象
    public void takePhotos(){         //成员方法，实现拍照功能
        camera = new Camera();        //给camera对象分配内存
        camera.numOfPhotos++;         // 使用camera对象的成员变量numOfPhotos
    }
}
```

### 2. 使用成员方法

调用成员方法必须是方法名后跟括号和分号，例如，上例中Camera类的一个对象camera使用自己的方法计算照片的数量。

```java
camera.incrementPhotos(); // 调用camera对象的成员方法
```

● 调用同类的成员方法。

例如：

```java
class Camera{
    int numOfPhotos;                      // 成员变量，照片数目
    public void incrementPhotos(){        //成员方法，增加照片的个数
        numOfPhotos++;                    // 使用成员变量numOfPhotos
    }
    public void clickButton(){
        incrementPhotos();                //调用同类的成员函数incrementPhotos()
    }
}
```

● 调用不同类的成员方法。

通过创建类的对象，然后使用"."操作符指向该对象的成员方法，例如：

```java
class Robot{
    Camera camera;                    // 声明Camera类的对象
    public void takePhotos(){         //成员方法，实现拍照功能
        camera = new Camera();        //给camera对象分配内存
        //增加照片个数
        camera.clickButton();         // 使用camera对象的成员方法clickButton()
    }
}
```

## ■3.2.6 方法中的参数传递

### 1. 传值调用

Java中所有原始数据类型的参数是传值的，这意味着参数的原始值不能被调用的方法改变。

【示例3-1】自定义类SimpleValue，实现基本数据的参数传递。代码如下：

```
class SimpleValue{
    public static void main(String [] args){
        int x = 5;
        System.out.println("方法调用前 x = " + x);
        change(x);
        System.out.println("change方法调用后 x = " + x);
    }
    public static void change(int x){
        x = 4;
    }
}
```

调用方法change()后不会改变方法main()中传递过来的变量x的值，因此，调用change()后x的输出结果仍旧是5。由此可见，在传值调用里，是将参数值的一份拷贝传给了被调用方法，把这份拷贝放在一个独立的内存单元。因此，当被调用的方法改变参数的值时，改变的是这份拷贝的值，因而这个变化不会反映到调用方法里来。程序运行结果如图3-5所示。

图 3-5　程序运行结果

### 2. 引用调用

对象的引用调用调用的并不是对象本身，而只是对象的句柄（名称）。就像一个人可以有多个名称（如中文名、英文名）一样，一个对象也可以有多个句柄。对于引用类型的参数，引用调用是通过将参数的引用（句柄）复制一份传递给方法，这意味着在方法中对参数进行修改会影响到引用指向的对象的状态，但不会改变参数本身。

【示例3-2】自定义类ReferenceValue，实现引用数据的参数传递。代码如下：

```
class ReferenceValue{
    int x ;
    public static void main(String [] args){
```

```
        ReferenceValue obj = new ReferenceValue();
        obj.x = 5;
        System.out.println("chang方法调用前的x =  " + obj.x);
        change(obj);
        System.out.println("chang方法调用后的x =  " + obj.x);
    }
    public static void change(ReferenceValue obj){
        obj.x=4;
    }
}
```

其中，方法main()中首先生成obj对象，并给其成员变量x赋值为5，接下来调用类内定义的方法change()。在方法change()调用时把方法main()的obj的值赋给change()方法中的obj，使其指向同一内容。

调用change()结束后，方法change()中的obj变量被释放，但堆内存的对象仍然被main()中的obj引用，就会看到：在方法main()中的obj所引用的对象的内容被改变。

程序运行结果如图3-6所示。

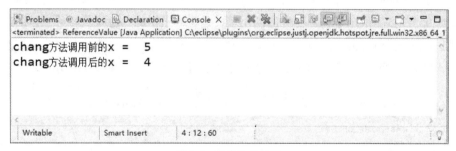

图 3-6　程序运行结果

## ■3.2.7　类对象使用举例

当一个对象被创建时，会对其中各种类型的成员变量按表3-1自动进行初始化赋值。

表 3-1　类对象的成员变量的初始值

| 成员变量类型 | 初始值 |
| --- | --- |
| byte | 0 |
| short | 0 |
| int | 0 |
| long | 0L |
| float | 0.0F |
| double | 0.0D |

（续表）

| 成员变量类型 | 初始值 |
|---|---|
| char | '\u0000'（即空字符） |
| boolean | false |
| 所有引用类型 | null |

【示例3-3】定义一个职员类Employee，并声明该类的3个对象，然后输出它们的具体信息，以此演示Employee类对象的创建及使用方式。程序代码如下：

```java
import java.io.*;
class Employee {                                    // 定义父类：职员类
    String employeeName;                            // 职员姓名
    int employeeNo;                                 // 职员的编号
    double employeeSalary;                          // 职员的薪水
    public void setEmployeeName(String name) {      // 设置职员的姓名
        employeeName = name;
    }
    public void setEmployeeNo(int no) {             // 设置职员的编号
        employeeNo = no;
    }
    public void setEmployeeSalary(double salary) {  // 设置职员的薪水
        employeeSalary = salary;
    }
    public String getEmployeeName() {               // 获取职员姓名
        return employeeName;
    }
    public int getEmployeeNo() {                     // 获取职员的编号
        return employeeNo;
    }
    public double getEmployeeSalary() {             // 获取职员的薪水
        return employeeSalary;
    }
    public String toString() {                       // 输出员工的基本信息
        String s;
        s = "编号:" + employeeNo + " 姓名: " + employeeName + " 工资: " + employeeSalary;
        return s;
    }
}
```

```
public class test_employee {                                // 主程序，测试employee对象
  public static void main(String args[]) {
    // Employee的第1个对象employee1
    Employee employee1;                                     // 声明Employee类的对象employee1
    employee1 = new Employee();                             // 为对象employee1分配内存
    // 调用类的成员函数为该对象赋值
    employee1.setEmployeeName("王一");
    employee1.setEmployeeNo(100001);
    employee1.setEmployeeSalary(2100);
    System.out.println(employee1.toString());               // 输出该对象的数值
    // Employee的第2个对象employee2，并为对象employee2分配内存
    Employee employee2 = new Employee();                    // 构建Employee类的第2个对象
    System.out.println(employee2.toString());               // 输出系统默认的成员变量初始值
    // Employee的第3个对象employee3，并为对象employee3分配内存
    Employee employee3 = new Employee();                    // 构建Employee类的第3个对象
    employee3.employeeName = "王华";                         // 直接给类的成员变量赋值
    System.out.println(employee3.toString());               // 输出成员变量的值
  }
}
```

程序运行结果如图3-7所示。

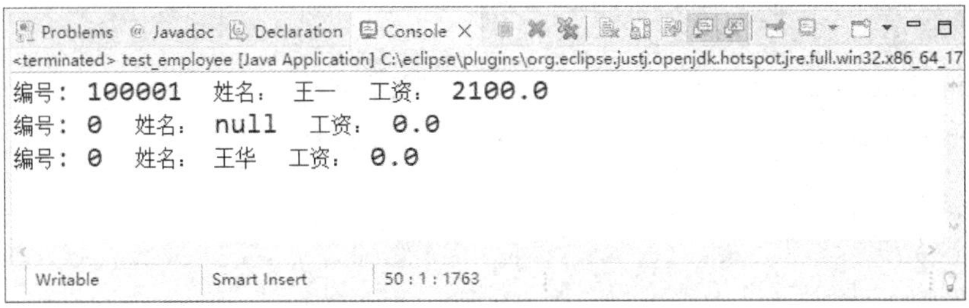

图 3-7　程序运行结果

程序说明如下：

在test_employee.java文件中包含两个类：一个是职员类Employee，一个是测试类test_employee，也称主类，它的特点是包含一个main()方法，该方法实现对其他类对象的处理。当Java虚拟机解析该程序时，会将含有main()方法的那个类名指定给字节解释器，程序开始自此处运行。

在main()方法中先声明了两个Employee类的对象employee1和employee2，它们是两个完全独立的对象，调用某个对象的方法时，该方法内部所访问的成员变量，是这个对象自身的成员变量。因此程序的输出结果中对象employee1和对象employee2的成员变量的数值分别为：

编号：100001　姓名：王一　工资：2 100.00

编号：0  姓名：null  工资：0.0

每个创建的对象都是有自己的生命周期的，对象只能在其有效的生命周期内被使用。如employee1对象使用完后就没用了，不会影响第2个对象employee2的数据成员的数值。employee2得到系统赋予每个成员的默认初始值，与表3-1中各类型的变量初始值一致。

创建完对象，在调用该对象的方法时，也可以不定义对象的句柄，而直接调用该对象的方法，这样的对象叫作匿名对象。例如，前面test_employee类中的代码：

```
Employee employee2 = new Employee();        // 构建Employee类的第2个对象
System.out.println(employee2.toString());   // 输出系统默认的成员变量初始值
```

将它改写成：

```
System.out.println(new Employee().toString());
```

这句代码没有产生任何句柄，而是直接用关键字new创建了Employee类的对象并直接调用它的toString()方法，得出的结果和改写之前是一样的。需要注意的是，这个语句执行完，这个对象也就不能再被使用了，即变成了垃圾。也就是说，当没有引用变量指向某个对象时，这个对象不能再被使用，就变成了垃圾。

接下来声明的第3个对象employee3，是直接对该对象的成员变量进行赋值操作的，语句如下：

```
employee3.name = "王华";           //直接给类的成员变量赋值
```

这样的代码段，在实际应用中是不应该出现的，因为这样做会导致数据错误、混乱，甚至出现安全性问题（如果外面的程序可以随意修改一个类的成员变量，很可能会造成不可预料的程序错误）。

# 3.3　类的构造方法

当创建一个对象时，需要初始化类成员变量的数值，如何确保类的每一个对象都能获取该成员变量的初值呢？Java是通过提供一个特殊的方法——构造方法来实现的。构造方法包含初始化类的成员变量的代码，当类的对象在创建时，它自动执行。

## ■3.3.1　构造方法的定义

构造方法的语法格式如下：

```
[访问说明符] 类名(参数列表)
{
   // 构造方法的语句体
}
```

说明：

- 参数列表：可以为空。
- 构造方法的语句体：指构建对象时的语句，也可以为空。

构造方法在程序设计中非常有用，它可以为类的成员变量进行初始化工作。当一个类的实例对象刚产生时，这个类的构造方法就会被自动调用，可以在这个方法中加入要完成初始化工作的代码，例如：

```
public Employee(String name){ //带参数的构造方法
    employeeName = name;
    System.out.println("带有姓名参数的构造方法被调用!");
}
```

构造方法的规则如下：

- 构造方法的方法名必须与类名一样。
- 构造方法没有返回类型，也不能定义为void，在方法名前面不声明方法类型。
- 构造方法的作用是完成对象的初始化工作，它能够把定义对象时的参数传递给对象的域。
- 构造方法不能由编程人员调用，而要由系统调用。
- 构造方法可以重载，以参数的个数、类型和排序顺序区分。

## ■3.3.2　构造方法的一些细节

在Java的每个类里都至少有一个构造方法，如果程序员没有在一个类里定义构造方法，系统会自动为这个类产生一个默认的构造方法。这个默认构造方法没有参数，在其方法体中也没有任何代码，即什么也不做。

以下两种Customer类的写法，其效果是完全一样的。

```
class Customer{
}

class Customer{
    public Customer(){}
}
```

对于第一种写法，类虽然没有声明构造方法，但可以用new Customer()语句来创建Customer类的实例对象，因为系统提供默认的构造方法。

由于系统提供的默认构造方法往往不能满足编程者的需要，因此，编程者一般会自己定义类的构造方法。一旦为该类定义了构造方法，系统就不再提供默认的构造方法了。

```
class Customer{
```

```
String customerName;
public Customer(String name){
    customerName = name;
    }
}
```

上面的Customer类中定义了一个对成员变量赋初值的构造方法，该构造方法有一个形式参数，此时系统就不再产生默认的构造方法了。

编写一个调用Customer类的程序，代码如下：

```
class TestCustomer{
    public static void main(String [] args){
        Customer c = new Customer();
    }
}
```

编译上面的程序，会提示错误，如图3-8所示。

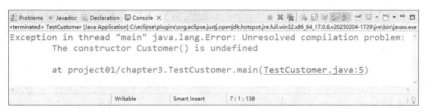

图 3-8　程序运行结果

错误的原因是：在调用new Customer()创建Customer类的实例对象时，要调用的是没有参数的构造方法，但程序中定义了一个有参数的构造方法取代了系统默认的无参数的构造方法，这时系统默认调用的是带参数的构造方法，因此就会产生上述错误。

# 3.4　访问说明符和修饰符

本节主要讲述Java的访问说明符和修饰符的概念。

## ■3.4.1　访问说明符（public、protected、private）

访问说明符决定了一个类的哪些特征（类、成员变量和成员方法）可以被其他类使用。Java支持以下3种访问说明符：

● **public**：公共访问说明符。

● **protected**：受保护的访问说明符。

● **private**：私有的访问说明符。

如果没有明确标明访问说明符，则系统默认以缺省值（无关键字）方式表述。

### 1. public

public指公共访问说明符。一个类被声明为public，即公共类（除内部类外），表明它可以被所有的其他类所访问和引用，这里的访问和引用是指这个类作为整体对外界是可见和可使用的。程序的其他部分可以创建该公共类的对象、访问该公共类内部可见的成员变量和调用它的可见的方法。

一个类作为整体对程序的其他部分可见，并不能代表类内的所有属性和方法也同时对程序的其他部分可见，前者只是后者的必要条件。类的属性和方法能否为所有其他类访问，取决于这些属性和方法自己的访问说明符。例如：

```
public  class PublicClass{
    public int publicVar;
    public void publicMethod();
}
```

> ⓘ 提示：类的属性尽可能不用public关键字，否则会造成安全性和数据封装的下降。

### 2. protected

protected指受保护的访问说明符。用protected说明的成员变量可以被三种类引用：该类自身、与它在同一个包中的其他类、在其他包中的该类的子类。使用protected说明符的主要作用是允许其他包中的它的子类来访问父类的特定属性。

为说明protected关键字需要引入"继承"的概念，以现有的类为基础派生出具有新成员变量的子类，子类能继承父类的数据成员和方法（除了用private说明的数据以外）。例如：

```
protected int publicVar;
```

### 3. private

private指私有的访问说明符。用private说明的属性或方法只能被该类自身所访问和修改，而不能被任何其他类（包括该类的子类）来获取和引用。例如：

```
private int publicVar;
```

选择定义为私有方法的情况为：一是与类的使用者无关的那些方法；二是如果类的实现改变了，将导致不容易维护的那些方法。

### 4. 缺省访问说明符

假如一个类没有规定访问说明符，说明它具有缺省的访问说明符（friend）。这种缺省的访问说明符规定该类只能被同一个包中的类访问和引用，而不可以被其他包中的类使用，这种访问特性称为包访问性。例如：

```
int publicVar;
```

> **提示**：在Java中friend（友元）不是关键字，它是在没有规定访问说明符时指出访问级别的默认字。但不能用friend说明符来声明类、变量或方法。

表3-2给出了每一种访问说明符的访问等级。

表 3-2　访问说明符的访问等级

| 访问说明符 | 当前类 | 当前类的所有子类 | 当前类所在的包 | 所有类 |
|---|---|---|---|---|
| private | ✓ | | | |
| 缺省 | ✓ | ✓ | | |
| protected | ✓ | ✓ | ✓ | |
| public | ✓ | ✓ | ✓ | ✓ |

> **提示**：方法中定义的变量不能有访问说明符，有关包的概念见后续章节。

# 3.4.2 修饰符

修饰符决定了成员变量和方法如何在其他类和对象中使用。修饰符包括static、final、abstract、native、synchronized和volatile等。

## 1. static

static修饰符可以修饰类的成员变量，也可以修饰类的方法。被static修饰的属性不属于任何一个类的具体对象，是公共的存储单元。任何对象访问它时，取得的都是相同的数值。当需要引用或修改一个static限定的类属性时，可以直接用类名访问static变量或方法（示例代码如下），也可以使用某一个对象名，二者效果相同。

```
StaticClass.staticVar;      //直接用类名.成员变量访问
StaticClass.staticMethod(); //直接用类名.成员函数访问
```

## 2. final

final修饰符在Java中并不常用，它为Java提供了诸如在C/C++语言中const关键字的功能，不仅如此，final还允许编程人员控制类的成员、方法或者是一个类是否可被覆盖或继承等功能。

final修饰符有以下限制：

- 一个final类不能被继承。
- 一个final方法不能被子类改变（重载）。
- final成员变量不能在初始化后被改变。
- final类里的所有成员变量和方法都是final类型。

## 3. abstract

abstract修饰符表示所修饰的类没有完全实现，还不能实例化。如果在类的方法声明中使用abstract修饰符，表明该方法是一个抽象方法，它需要在子类中实现。如果一个类包含抽象函数，则这个类就是抽象类，必须使用abstract修饰符，并且不能实例化。

在下面的情况下，类必须是抽象类。

- 类中包含一个明确声明的抽象方法。
- 类的任何一个父类包含一个没有实现的抽象方法。
- 类的直接父接口声明或者继承了一个抽象方法，并且该类没有声明或者实现该抽象方法。

### 4. native

native修饰符仅用于方法。一个native方法就是一个Java程序调用非Java代码的接口，Java使用native方法来扩展Java程序的功能。native方法的语句体是位于Java环境外的。仅当在另一种语言里已有现成的代码且不想在Java里重写这段代码时才使用这种方法。

### 5. synchronized

synchronized修饰符用在多线程程序中。在编写一个类时，如果该类中的代码可能运行于多线程环境下，那么就要考虑线程同步的问题。在Java中内置了语言级的同步原语——synchronized，这大大简化了Java中多线程同步的使用。

### 6. volatile

用volatile修饰的成员变量在每次被线程访问时，都强迫从共享内存中重读该成员变量的值。而且，当成员变量发生变化时，强迫线程将变化值回写到共享内存。这样在任何时刻，可以保证两个不同的线程总是看到某个成员变量的同一个值。

## ■3.4.3 static的使用

### 1. 静态属性

定义静态属性的简单方法就是在属性的前面加上static关键字。例如，下述代码定义一个static数据成员，并对其初始化。

```
class StaticTest {
    static int i = 47;
}
```

接下来声明两个StaticTest对象，但它们都拥有StaticTest.i这个存储空间。这两个对象共享同样的i变量。例如：

```
StaticTest st1 = new StaticTest();
StaticTest st2 = new StaticTest();
```

此时，无论st1.i还是st2.i，都有同样的值47，因为它们引用的是同样的内存区域，所以二者的运行结果一致。

上述例子采用对象引用属性的方法，如st2.i，也可直接通过类名使用该类的静态属性，如StaticTest.i，而后者这种使用方法在非静态成员里是行不通的。

## 2. 静态代码块

在类中，也可以将某一块代码声明为静态，这样的程序块叫静态代码块。静态代码块的一般形式如下：

```
static{
    语句序列
}
```

说明：
- 静态代码块只能定义在类里面，它独立于任何方法，不能定义在方法里面。
- 静态代码块里面的变量都是局部变量，只在本块内有效。
- 静态代码块会在类被加载时自动执行，而无论加载者是JVM还是其他的类。
- 一个类中允许定义多个静态代码块，执行的顺序根据定义的顺序进行。
- 静态代码块只能访问类的静态成员，而不允许访问非静态成员。

例如，定义一个静态代码块，代码如下：

```
static{
    int stVar = 12;   //这是一个局部变量，只在本块内有效
    System.out.println("This is static block." + stVar);
}
```

编译通过后，用java命令加载本程序，程序运行结果会首先输出下面的一行内容：

```
This is static block. 12
```

接下来才是main()方法中的输出结果，由此可知，静态代码块甚至在main()方法之前就被执行。

## 3. 静态方法

（1）静态方法的声明和定义。

静态方法的定义和非静态方法的定义在形式上并没有什么区别，只是声明为静态方法的头部加上一个关键字static。它的一般形式如下：

```
[访问说明符] static [返回值类型] 方法名([参数列表])
{
    语句序列
}
```

例如，Java主控类的main()方法即为静态方法，其定义为：

```
public  static  void main(String args[]){
    ...
}
```

（2）静态方法和非静态方法的区别。

静态方法和非静态方法的区别主要体现在如下两个方面。

- 在外部调用静态方法时，可以使用"类名.方法名"的方式，也可以使用"对象名.方法名"的方式。而非静态方法只有后面这种方式。也就是说，调用静态方法可以不必创建对象。
- 静态方法在访问本类的成员时，只允许访问静态成员，即静态成员变量和静态方法。

# ■3.4.4 final的使用

### 1. final变量

当在类中定义变量时，在其前面加上final关键字，就表明这个变量一旦被初始化便不可再改变：对基本类型来说是其值不可变，而对于对象变量来说，是其引用不可再变。

final变量的初始化可以放在两个地方：一是在定义处，也就是说在final变量定义时直接给其赋值；二是在构造方法中。这两个地方只能二选其一，要么在定义时给赋值，要么在构造方法中给赋值，不能同时既在定义时给赋值，又在构造方法中给赋另外的值。例如：

```
public class test_final{
    final PI=3.14;   // 定义final变量时便赋初值
    final int I;      // 定义时不赋初值，在构造方法中再对final变量初始化
    public test_final(){
        I = 100;
    }
}
```

上述类简单演示了final关键字的常规用法。这样在程序的随后部分便可以直接使用这些变量，就像它们是常数一样。

### 2. final方法

将方法声明为final，说明此方法不需要再进行扩展，并且也不允许任何继承此类的子类覆写这个方法，但是子类仍然可以继承这个方法，也就是可以直接使用。

### 3. final类

当将final用于类时，需要仔细考虑，因为final类是无法被任何类继承的。这也就意味着final类在一个继承树中是一个叶子类，该类不需要进行任何修改或扩展。

# 3.5 main()方法

在Java应用程序中，可以有很多类，每个类可以有很多的方法，但编译器首先运行的是main()方法。含有main()方法的类称为Java的主控类，且类名必须和文件的主名一致。

main()方法的语法格式如下：

```
public static void main(String args[]){
    ...
}
```

在main()方法的括号里面是一个形式参数，args[]是一个字符串数组，可以接收系统所传递的参数，而这些参数来自于命令行参数。

在命令行执行一个程序通常的格式为：

```
java 类名 [参数列表]
```

其中，参数列表中可以容纳多个参数，参数之间以空格或制表符隔开，它们被称为命令行参数。系统传递给main()方法的实际参数正是这些命令行参数。因为Java中数组的下标是从0开始的，所以形式参数中的args[0],…, args[n-1]依次对应第1,…, n个参数。参数与args数组的对应关系如下：

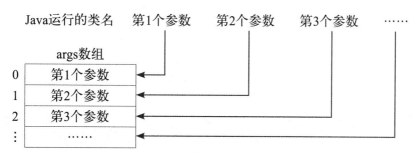

例如，下面的程序可以展示main()方法是如何接收命令行参数的。代码如下：

```
class test_commandLine_arguments {
    public static void main(String args[]){ //依次获取命令行参数并输出
        for(int i=0;i<args.length;i++)
            System.out.println("args["+i+"]: "+args[i]);
    }
}
```

在程序的for循环中用到了args.length。在Java中，数组是预定义的类，它拥有属性length，用来描述当前数组所拥有的元素个数。若命令行中没有参数，args数组为空，该属性值为0，否则该属性值就是数组的元素个数，即参数的个数。若在图3-9中设置命令行参数为testing command_line arguments，则程序运行结果如图3-10所示。

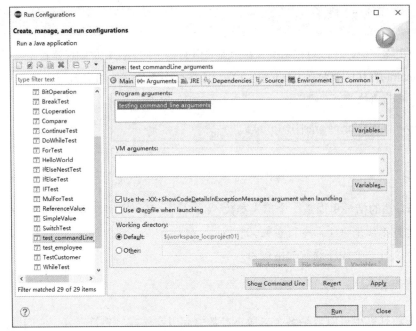

图 3-9　命令行参数设置

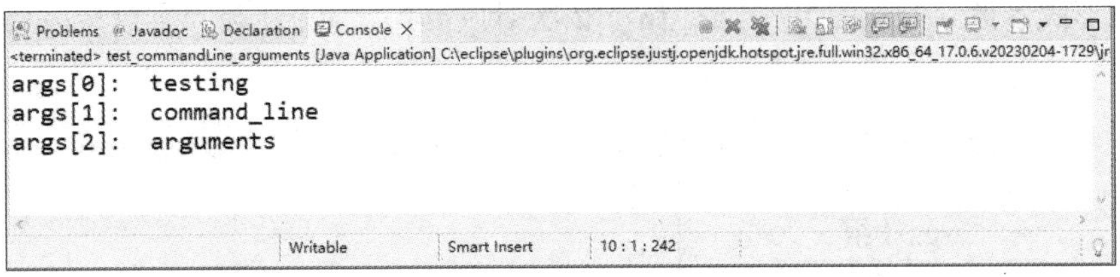

```
args[0]:   testing
args[1]:   command_line
args[2]:   arguments
```

图 3-10　程序运行结果

# 3.6　this引用

this关键字在Java程序里的作用和它的词义很接近，它在函数内部就是这个函数所属的对象的引用变量。例如：

```java
class A{
    String name;
    public A(String x){
        name = x;
    }
    public void func1(){
        System.out.println("func1 of  " + name +" is calling");
    }
    public void func2(){
        A a2 = new A("a2");
```

```
        this.func1();    //使用this关键字调用func1方法
        a2.func1();
    }
}
class TestA{
    public static void main(String [] args){
        A a1 = new A("a1");
        a1.func2();
    }
}
```

编译TestA.java后，运行类TestA，结果如下：

```
func1 of a1 is calling
func1 of a2 is calling
```

前面已经介绍过，一个类中的成员方法可以直接调用同类中的其他成员，其实将this.func1(); 语句直接写成func1();，效果是一样的。

类A中的构造方法：

```
public A(String x){
    name = x;
}
```

可以改写成如下形式：

```
public A(String x){
    this.name = x;
}
```

在成员方法中，对访问同类中的成员，前面加不加this引用，效果都是一样的。但在有些情况下，是必须用this关键字的。

（1）通过构造方法将外部传入的参数赋值给类成员变量，而构造方法的形式参数名称与类的成员变量名相同。例如：

```
class Customer{
    String name;
    public Customer(String name) {
        name = name;
    }
}
```

在这段代码中，语句 name = name; 根本分不出哪个name是成员变量，哪个name是方法中的变量。因此，最终会产生错误的结果。

形式参数属于方法内部的局部变量，成员变量与方法中的局部变量同名时，在该方法中对同名变量的访问是指那个局部变量。明白了这个道理和this关键字的作用，就可以修改语句 name = name; 为 this.name = name; 。

（2）假设有一个Container（容器）类和一个Component（部件）类，在Container类的某个方法中要创建Component类的实例对象，而Component类的构造方法要接收一个代表其所在容器的参数，此时该参数就需要用this。程序代码如下：

```
class Container{
    Component comp;
    public void addComponent(){
        comp = new Component(this);//将this作为对象引用传递
    }
}
class Component{
    Container myContainer;
    public Component(Container c){
        myContainer = c;
    }
}
```

（3）构造方法是在产生对象时被Java系统自动调用的，不能在程序中像调用其他方法一样去调用构造方法，但可以在一个构造方法里调用其他重载的构造方法。这种调用不是用构造方法名，而是用 this(参数列表) 的形式，Java系统根据其中的参数列表，选择相应的构造方法。例如：

```
public class Person{
    String name;
    int age;
    public Person(String name){
        this.name = name;
    }
    public Person(String name,int age){
        this(name);
        this.age = age;
    }
}
```

在Person类的第2个构造方法中，通过 this(name); 语句调用第1个构造方法中的代码。

## 3.7　重载

在Java中，允许同一个类中定义两个或以上相同名字的方法，只要它们的参数声明不同即可。在这种情况下，该方法被称为重载（overloading），即方法重载是指在一个类中允许同名的方法存在，是类对自身同名方法的重新定义。

### ■3.7.1　方法重载

Java的方法重载，就是在类中可以创建多个方法，它们具有相同的名字，但具有不同的参数或不同的定义。调用方法时通过传递给它们的不同参数个数和参数类型来决定具体使用哪个方法，这就是多态性。重载是类中多态性的一种表现。

例如，Java系统提供的输出命令println()方法的使用如下：

```
System.out.println();              //输出一个空行
System.out.println(double  salary); // 输出一个双精度类型的变量后换行
System.out.println(String name);    //输出一个字符串对象的值后换行
```

方法重载有不同的表现形式，主要有以下两种。

● 基于不同类型参数的重载，例如：

```
class Add{
  public String Sum(String para1, String para2) {…}
  public int Sum(int para1, int para2){…}
}
```

● 基于相同类型、不同参数个数的重载，例如：

```
class Add{
  public int Sum(int para1, int para2)    {…}
  public int Sum(int para1, int para2,int para3)    {…}
}
```

### ■3.7.2　构造方法的重载

构造方法也可以被重载，这种情况其实是很常见的。

【示例3-4】定义一个职员类Employee，并声明该类的3个对象，再输出这3个对象的具体信息，以验证构造方法的重载。代码如下：

```
class Employee{
private double employeeSalary = 1800;
private String employeeName = "姓名未知。";
private int employeeNo;
```

```
public Employee(){//默认构造方法
    System.out.println("不带参数的构造方法被调用!");
}
public Employee(String name){//带一个参数的构造方法
    employeeName = name;
    System.out.println("带有姓名参数的构造方法被调用!");
}
public Employee(String name,double salary){ //带两个参数的构造方法
    employeeName = name;
    employeeSalary = salary;
    System.out.println("带有姓名和薪水这两个参数的构造方法被调用!");
}
public String toString() { //输出员工的基本信息
    String s;
    s = "编号: " + employeeNo + " 姓名:  " + employeeName
        +" 工资:  "+ employeeSalary;
    return s;
    }
}
public class ConstructorOverloaded{
    public static void main(String[] args){
        Employee e1=new Employee();
        System.out.println(e1.toString());
        Employee e2=new Employee("李萍");
        System.out.println(e2.toString());
        Employee e3=new Employee("王嘉怡",2400);
        System.out.println(e3.toString());
    }
}
```

程序运行结果如图3-11所示。

图 3-11 程序运行结果

上述程序中定义了3个Employee类的对象。因为在创建对象时，在括号中传递的参数个数或类型不同，所以调用的构造方法也不同，这3个对象调用了3种不同的构造方法。

以语句 Employee e3 = new Employee("王嘉怡",2400); 为例介绍其执行过程。

（1）等号左边定义了一个类Employee类型的引用变量e3，等号右边使用new关键字创建了一个Employee类的实例对象。

（2）调用相应的构造方法，构造方法需要接收外部传入的"王嘉怡"和"2400"两个参数，因此调用的是带两个参数的构造方法。执行构造方法中的代码，先进行属性的显式初始化，也就是执行前面两个赋值语句，即给Employee类中的两个成员变量赋值。

```
employeeSalary = 2400;          //显式初始化
employeeName = "王嘉怡";         //显式初始化
```

（3）输出一行文字：带有姓名和薪水这两个参数的构造方法被调用!

（4）把刚刚创建的对象赋给引用变量e3。

❗ 提示：默认构造方法用预先确定值初始化类的成员变量（属性），而重载的构造方法根据创建对象时设置的参数值指定对象的状态。可以在一个类中重载多个构造方法。

## 课后练习

**练习1：**

编写程序，创建一个Point类。首先，定义两个变量，表示一个点的坐标值，再定义构造方法，初始化为坐标原点；然后定义两个方法：一个方法实现点的移动，另一个方法实现打印当前点的坐标；最后创建一个对象验证。

**练习2：**

定义一个表示学生信息的类Student，要求如下：

（1）类Student的成员变量。

　●sNO：表示学号。

　●sName：表示姓名。

● sSex：表示性别。

● sAge：表示年龄。

● sJava：表示Java课程成绩。

（2）类Student带参数的构造方法：在构造方法中通过形式参数完成对成员变量的赋值操作。

（3）类Student的成员方法。

● getNo()：获得学号。

● getName()：获得姓名。

● getSex()：获得性别。

● getAge()：获得年龄。

● getJava()：获得Java课程成绩。

（4）根据类Student的定义，创建5个该类的对象，输出每个学生的信息，计算并输出这5个学生Java课程成绩的平均值，以及计算并输出这5个学生Java课程成绩的最大值和最小值。

练习3：

定义一个类实现银行账户的概念，包括的变量有"账号"和"存款余额"，包括的方法有"存款""取款"和"查询余额"。定义主类中包括创建账户类的对象，并完成相应操作。

# 第4章

# 面向对象编辑进阶

───── 内容概要 ─────

本章将对继承（inheritance）、多态性（polymorphism）、抽象类和接口等概念进行全面阐述。继承体现了现实世界事物的一般性和特征性的关系，如孩子和父母间的关系，它体现了相关类间的层次结构关系，提供了软件复用功能；多态性是面向对象的核心，不仅能减少编码的工作量，也能大大提高程序的可维护性及可扩展性。

## 4.1 继承的概念

在现实世界中存在有很多如图4-1的关系。

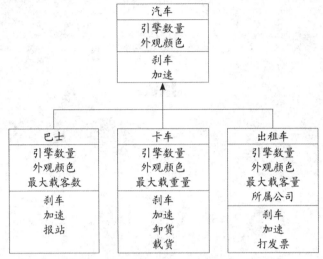

图 4-1　不同汽车之间的关系

巴士、卡车和出租车都是交通工具——汽车的一种，拥有相似的特性，如引擎数量和外观颜色，也拥有相似的行为，如刹车和加速。但是，针对不同的交通工具，各自又有各自的特性，如巴士拥有和其他交通工具不同的特性和行为（最大载客数和报站）的特点，而卡车的主要功能是运送货物，不同于其他交通工具的行为与特性是载货和卸货，以及最大载重量的特性。

在面向对象程序设计中要描述现实世界的这种状况，就需要用到继承的概念。

所谓继承，就是从已有的类派生出新的类，新的类能吸收已有类的数据属性和行为，并能扩展出新的属性和行为。已有的类一般称为父类（基类或超类）。由父类产生的新类称为子类或派生类，派生类同样也可以作为基类再派生新的子类，这样就形成了类间的层次结构。上述交通工具（汽车类）间的继承关系如图4-2所示。

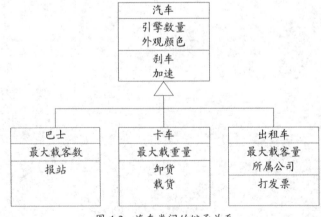

图 4-2　汽车类间的继承关系

在图4-2中，汽车被抽象为父类（基类或超类），而巴士、卡车和出租车转化为子类，它们继承父类的一般特性，包括父类的数据成员和行为，如外观颜色和刹车等特性，又各自产生自己独特的属性和行为，如巴士的最大载客数和报站，以区别于父类的特性。

继承的方式包括单一继承和多重继承。单一继承（single inheritance）是最简单的方式，即一个派生类只从一个基类派生。多重继承（multiple inheritance）是一个派生类有两个或多个基类。这两种继承方式如图4-3所示。

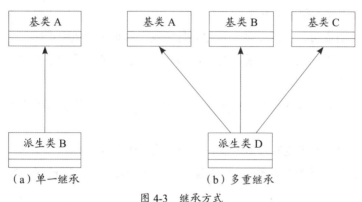

图 4-3　继承方式

---

⚠ **提示**：本书约定，箭头表示继承的方向，由子类指向父类。

---

通过上面介绍可以看出基类与派生类的关系。
- 基类是派生类的抽象（基类抽象了派生类的公共特性）。
- 派生类是对基类的扩展。
- 派生类和基类的关系相当于"是一个（is a）"的关系，即派生类是基类的一个对象，而不是"有（has）"的组合关系，即类的对象包含一个或多个其他类的对象，这些对象作为该类的属性，如汽车类拥有发动机、轮胎和车门等类，这种关系称为类的组合。

---

⚠ **提示**：Java不支持多重继承，但它支持"接口"的概念，借以实现多重继承的关系。

---

## 4.2　继承机制

Java中的继承包括：继承的定义和实现，类中属性和方法的继承与覆盖以及继承的传递性。

### ■4.2.1　继承的定义

Java中继承定义的一般格式为：

```
class 派生类名 extends 基类名{
    //派生类的属性和方法的定义
};
```

说明：

● 基类名是已声明的类，派生类名是新生成的类名。

● extends为关键字，表明要构建一个新类，该类从已存在的类派生而来。已存在的类称为基类或父类，而新类称为派生类或子类。

派生类的定义，实际包括以下几个过程。

第一，子类继承父类中被声明为public和protected的成员变量和成员方法，但不能继承被声明为private的成员变量和成员方法。

第二，重写基类成员，包括成员变量和成员函数。如果派生类中声明了一个与基类成员相同的成员时，派生类中的成员就会屏蔽基类中的同名成员，类似于函数中的局部变量屏蔽全局变量，这称为同名覆盖（overriding）。

第三，定义新成员。新成员是派生类自己的新特性，新成员的加入使得派生类在功能上有所扩展。

第四，必须在派生类中重写构造方法，因为构造方法不能继承。

【示例4-1】自定义父类Teacher，再创建其两个子类JavaTeacher和DotNetTeacher。代码如下：

```java
class Teacher {
    private String name;              // 教师姓名
    private String school;            // 所在学校
    public Teacher(String myName, String mySchool) {
        name = myName;
        school = mySchool;
    }
    public void giveLesson(){         //授课方法的具体实现
        System.out.println("知识点讲解");
        System.out.println("总结提问");
    }
    public void introduction() {      //自我介绍方法的具体实现
        System.out.println("大家好！我是" + school + "的" + name + "。");
    }
}


class JavaTeacher extends Teacher {
    public JavaTeacher(String myName, String mySchool) {
        super(myName, mySchool);
    }
    public void giveLesson(){
```

```
        System.out.println("启动 MyEclipse");
        super.giveLesson();
    }
}


class DotNetTeacher extends Teacher {
    public DotNetTeacher(String myName, String mySchool) {
        super(myName, mySchool);
    }
    public void giveLesson(){
        System.out.println("启动 VS2010");
        super.giveLesson();
    }
}
public class test_teacher{
    public static void main(String args[]){
        //声明javaTeacher
        JavaTeacher javaTeacher = new JavaTeacher("李伟","郑州轻工业大学");
        javaTeacher.giveLesson();
        javaTeacher.introduction();
        System.out.println("\n");
        //声明dotNetTeacher
        DotNetTeacher dotNetTeacher = new DotNetTeacher("王珂","郑州（轻）工业大学");
        dotNetTeacher.giveLesson();
        dotNetTeacher.introduction();
    }
}
```

通过关键字extends分别创建父类Teacher的子类JavaTeacher和DotNetTeacher。子类继承父类所有的成员变量和成员方法，但不能继承父类的构造方法。在子类的构造方法中可使用语句 super(参数列表); 调用父类的构造方法，例如，子类构造方法中的语句 super(myName,mySchool); 即实现该功能。

test_teacher类的main()方法中声明了两个子类对象，子类对象分别调用各自的方法进行授课和自我介绍。例如，语句 javaTeacher.giveLesson(); ，就是调用javaTeacher子类的方法giveLesson()实现对授课的处理，该子类的方法中包括对父类Teacher的方法giveLesson()的继承，其中的语句 super.giveLesson(); 代表对父类同名方法的调用。

程序运行结果如图4-4所示。

图 4-4　程序运行结果

## ■4.2.2　类中属性的继承与覆盖

### 1. 属性的继承

子类可以继承父类的所有非私有属性。例如：

```java
class Person{
    public String name;
    public int age;
    public void showInfo() {
        System.out.println( "尊敬的"+name+"，您的年龄为："+age);
    }
}
class Student extends Person{
    public string school;
    public int engScore;
    public int javaScore;
    public void setInfo() {
        name="陈冠一";        //基类的数据成员
        age=20;              //基类的数据成员
        school="郑州轻工业学院";
    }
}
```

子类Student从父类Person继承了public型的成员变量name和age。

### 2. 属性的覆盖

子类可以覆盖继承的成员变量，只要子类中定义的成员变量和父类中的成员变量同名，子类就会覆盖继承的成员变量。例如：

```java
class Employee1{
```

```
    public String name;
    public int age;
    public double salary = 1200 ;        //薪水
    public void showSalary() {
        System.out.println( "尊敬的"+name+"，您的薪水为："+ salary);
    }
}
class Worker extends Employee1{
    public double salary;                //薪水
    public void setInfo(){
        name = "可人";
        age = 20;                        //基类的数据成员
        System.out.println("调用父类的数据的输出结果："+super.name+"，您的薪水为："+ super.salary);
//调用父类的成员变量salary
        salary = 800;                    //给与父类同名的成员变量赋值
    }
    public void showSalary() {
        //调用自身成员变量salary，覆盖父类同名的成员变量
        System.out.println( "子类和父类同名的数据输出结果："+name+"，您的薪水为："+ salary);
    }
}

public class classAtrribute {
    public static void main(String args[]){
        Worker w = new Worker();
        w.setInfo();
        w.showSalary();
    }
}
```

程序运行结果如图4-5所示。从程序的运行结果可知，当子类Worker中定义的成员变量salary与父类中的成员变量salary同名时，子类成员变量覆盖父类同名的成员变量。

图 4-5　程序运行结果

## ■4.2.3　类中方法的继承与覆盖

### 1. 方法的继承

父类中非私有（private）的方法都可以被子类继承。例如：

```
class Person{//基类
    private String name;
    private int age;
    public void initInfo(String n,int a){
        name = n;
        age = a;
    }
    public void showInfo(){
        System.out.println( "尊敬的 "+ name +" ，您的年龄为: "+age);
    }
}
public class SubStudent extends Person{//子类
    private String school;
    private int engScore;
    private int javaScore;
    public void setScores(String s,int e,int j){
        school = s;
        engScore = e;
        javaScore = j;
    }
    public static void main(String[] args){
        SubStudent objStudent = new SubStudent();
        objStudent.initInfo("王烁",22);              //来自父类继承的方法
        objStudent.showInfo();                      //来自父类继承的方法
        objStudent.setScores("清华大学",79,92);
    }
}
```

在子类继承父类的成员方法时，应注意：

- 子类不能访问父类的private（私有）成员方法，但子类可以访问父类的public（公有）、protected（保护）成员方法。
- 对于protected类型方法的访问，子类和同一包内的方法都能访问父类的protected成员方法，但其他包内的方法不能访问。

### 2. 方法的覆盖

方法的覆盖是指子类中定义一个方法，并且该方法的名字、返回类型、参数列表与从父类继承的方法完全相同。

子类的方法覆盖父类的方法时需注意：

- 子类的方法不能缩小父类方法的访问权限。
- 父类的静态方法不能被子类覆盖为非静态方法。
- 父类的私有方法不能被子类覆盖。
- 子类的方法不能抛出比父类方法更多的异常。

修改上述例子，在子类中添加与父类同名的方法。测试父类与子类具有同名方法时子类的方法对父类同名方法的覆盖。代码如下：

```java
class Person{//基类
    protected String name;
    protected int age;
    public void initInfo(String n,int a){
        name = n;
        age = a;
    }
    public void showInfo(){
        System.out.println("尊敬的 "+ name + "，您的年龄为："+age);
    }
}
public class SubStudent extends Person{//子类
    private String school;
    private int engScore;
    private int javaScore;
    public void showInfo(){ // 与父类同名的方法
        System.out.println(school+ "的" + name+"同学"+ "  年龄为："+age+"\n英语成绩是：
            "+engScore+"，你的Java成绩是："+javaScore);
    }
    public void setScores(String s,int e,int j){
        school = s;
        engScore = e;
        javaScore = j;
    }
    public static void main(String[] args){
        SubStudent objStudent = new SubStudent();
        objStudent.initInfo("王烁",22); //继承自父类的方法
```

```
    objStudent.setScores("郑州轻工业学院",79,92);
    //调用自身和父类同名的方法，子类的方法覆盖父类同名的方法
    objStudent.showInfo();
  }
}
```

程序运行结果如图4-6所示。

图 4-6　程序运行结果

父类Person和子类SubStudent具有同名的方法showInfo()，该方法在各自类中的定义分别为：

● 在父类中的定义：

```
public void showInfo(){
    System.out.println( "尊敬的 "+ name + "，您的年龄为： "+age);
}
```

● 在子类中的定义：

```
public void showInfo(){ // 与父类同名的方法
    System.out.println(school+ "的" + name+"同学"+ "  年龄为： "+age+"\n英语成绩是： "
      +engScore+"，你的Java成绩是： "+javaScore);
}
```

在SubStudent的main()方法中创建该子类的对象objStudent，通过子类的方法setScores()为对象赋值，接着调用和父类同名的方法showInfo()，则根据Java父子类同名覆盖的原则，子类的方法会覆盖父类的方法，因此就产生图4-6中的运行结果。

## ■4.2.4　继承的传递性

类的继承是可以传递的。类B继承了类A，类C又继承了类B，这时C包含A和B的所有成员，以及C自身的成员，这就是类继承的传递性。类的传递性对Java语言有十分重要的意义。例如，下面的代码体现了类的继承。

```
public class Vehicle{
    void vehicleRun() {
```

```
      System.out.println("汽车在行驶！");
    }
  }
public class Truck extends Vehicle{   //直接父类为Vehicle
    void truckRun()   {
      System.out.println("卡车在行驶！");
    }
  }
public class SmallTruck extends Truck{//直接父类为Truck
    protected void smallTruckRun()   {
      System.out.println("微型卡车在行驶！");
    }
    public static void main(String[] args)   {
      SmallTruck smalltruck = new SmallTruck();
      smalltruck.vehicleRun();       //祖父类的方法调用
      smalltruck.truckRun();         //直接父类的方法调用
      smalltruck.smallTruckRun();    //子类自身的方法调用
    }
  }
```

## 4.3 抽象类和接口

Java不支持多重继承，而是以接口的形式实现多重继承的。接口与抽象类密切相关，本节主要介绍了Java中抽象类和接口的定义和使用方法。

### ■4.3.1 抽象类

Java中可以定义一些不含方法体的方法，它的方法体的实现交给该类的子类根据自身的情况去实现，这样的方法就是抽象方法。包含抽象方法的类就是抽象类。一个抽象类中可以有一个或多个抽象方法。

抽象方法必须用abstract修饰符来定义，任何带有抽象方法的类都必须声明为抽象类。

抽象类定义的一般格式为：

```
abstract class ClassName {
  //类实现
  ...

}
```

例如：

```
abstract class Employee{  //职员类
   //类实现
}
```

一旦类被声明为抽象类，那么它就不能被实例化了，而只能用作派生类的基类。

如果ClassOne被声明为抽象类，则下面的语句会产生编译错误。

```
ClassOne  a =  new ClassOne();
```

由此可见，当一个类的定义完全表示抽象的概念时，它不应该被实例化为一个对象，而应描述为一个抽象类。

抽象方法定义的一般格式为：

```
abstract 返回值类型 抽象方法(参数列表);
```

例如：

```
abstract void Method();
```

抽象方法只需声明，不需要实现。定义抽象方法的一个主要目的就是为所有子类定义一个统一的接口，抽象方法必须在子类中被重写。

抽象类与抽象方法的定义规则如下：

- 抽象类必须用abstract关键字来修饰，抽象方法也必须用abstract来修饰。
- 抽象类不能被实例化，也就是不能用new关键字去产生对象。
- 抽象方法只需声明，而不需要实现。
- 含有抽象方法的类必须被声明为抽象类，抽象类的子类必须覆盖所有的抽象方法后才能被实例化，否则这个子类还是个抽象类。

抽象类只能被继承，不能被实例化，抽象方法必须被重写。抽象类不一定要包含抽象方法。若类中包含了抽象方法，则该类必须被定义为抽象类。

## ■4.3.2　抽象类的使用

下面通过一个抽象类的实例来说明抽象类和抽象方法的定义，以及子类如何重写父类的抽象方法。实例如下：

Shape类是对现实世界"形状"的抽象，子类Rectangle和子类Circle是Shape类的两个子类，分别代表现实中两种具体的形状。在子类中根据不同形状自身的特点计算出子类对象的面积。代码如下：

```
abstract class Shape {// 定义抽象类
    protected double length=0.0d;
    protected double width=0.0d;
```

```
    Shape(double len,double w){
        length = len;
        width = w;
    }
    abstract double area(); //抽象方法，只有声明，没有实现
}


class Rectangle extends Shape {
    /**
     *@param num 传递至构造方法的参数
     *@param num1 传递至构造方法的参数
     */
    public Rectangle(double num, double num1){
        super(num,num1); //调用父类的构造函数，将子类长方形的长和宽传递给父类的构造方法
    }
    /**
     * 计算长方形的面积.
     * @return double
     */
    double area(){//长方形的area方法，重写父类Shape的抽象方法
        System.out.print("长方形的面积为： ");
        return length * width;
    }
}
class Circle extends Shape { //圆形子类
    /**
     *@param num 传递至构造方法的参数
     *@param num1 传递至构造方法的参数
     *@param radius 传递至构造方法的参数
     */
    private double radius;
    public Circle(double num,double num1,double r){
        super(num,num1); //调用父类的构造函数，将子类圆的圆心位置和半径传递给父类的构造方法
        radius = r;
    }
    /**
     * 计算圆形的面积.
     * @return double
```

```
    */
    double area(){ //圆形的area方法，重写父类Shape的抽象方法
        System.out.print("圆形位置在（"+ length +"，"+ width +"）的圆形面积为: ");
        return 3.14*radius*radius;
    }
}
public class test_shape{
    public static void main(String args[]){
    //定义一个长方形对象，并计算长方形的面积
    Rectangle rec = new Rectangle(15,20);
    System.out.println(rec.area());
    //定义一个圆形对象，并计算圆形的面积
     Circle circle = new Circle(15,15,5);
    System.out.println(circle.area());
    // 父类对象的引用指向不同的子类对象的实现方式
    Shape shape = new Rectangle(15,20);
    System.out.println(shape.area());
     shape = new Circle(15,15,5);
     System.out.println(shape.area());
    }
}
```

程序运行结果如图4-7所示。

图4-7  程序运行结果

说明：

Shape是一个抽象类，它有两个成员变量length和width，代表通用形状的长、宽或某个点的位置坐标，并声明一个抽象方法area()，语句为：

abstract double area(); //抽象方法，只有声明，没有实现

该抽象方法代表计算该形状面积的方法，但在Shape类中只是声明，并没有给出具体的实现。

子类Rectangle代表长方形，长方形的长、宽来自对父类的继承，方法area()重写父类的抽象

方法area()，以实现长方形对象面积的计算。下面代码显示Rectangle类中方法area()的重写过程。

```
double area(){//长方形的area方法，重写父类Shape的抽象方法
    System.out.print("长方形的面积为：");
    return length * width;
}
```

子类Circle代表圆形，圆形的坐标位置来自对父类中成员变量length和width的继承，方法area()重写父类的抽象方法area()，以实现圆形对象面积的计算。下面代码显示Circle类中方法area()的重写过程。

```
double area(){ //圆形的area方法，重写父类Shape的抽象方法
    System.out.print("圆形位置在（"+length+"，"+width+"）的圆形面积为：");
    return 3.14*radius*radius;
}
```

在test_shape类的main()方法中分别创建Rectangle和Circle类的对象，然后分别调用area()方法实现各自对象面积的计算并输出。

## ■4.3.3 接口

如果一个抽象类中的所有方法都是抽象的，就可以将这个类用另外一种方式来定义，也就是用接口来定义。接口是抽象方法和常量值的定义的集合，从本质上讲，接口是一种特殊的抽象类，这种抽象类中只包含常量和方法的定义，而没有变量和方法的实现。

### 1. 接口的声明

接口声明的一般格式为：

```
public interface 接口名{
    //常量
    //方法声明
}
```

接口中定义的常量均具有public、static和final属性。

接口中只能进行方法的声明，不提供方法的实现，在接口中声明的方法具有public和abstract属性。例如：

```
public interface PCI {
    final int voltage;
    public void start();
    public void stop();
}
```

**2. 接口的实现**

接口可以由类来实现，类通过关键字implements声明自己使用一个或多个接口。所谓实现接口，就是实现接口中声明的方法。

```
class 类名 extends [基类] implements 接口,…,接口
{
    … // 成员定义部分
}
```

由于接口中的方法默认是public类型的，因此类在实现接口方法时，一定要用public来修饰。

如果使用了某个接口的类中没有实现该接口中的方法，则该类中必须将此方法声明为抽象的，该类当然也必须声明为抽象的。例如：

```
interface IMsg{
    void Message();
}
public abstract class MyClass implements IMsg{
    public abstract void Message();
}
```

## ■4.3.4　接口的使用

以模拟计算机组装功能的实例介绍接口的使用。

【示例4-2】定义计算机主板的PCI接口，模拟主板的PCI通用插槽，它有两个方法——start()（启用）和stop()（停用），接着声明具体的子类——声卡类SoundCard和网卡类NetworkCard，它们分别实现PCI接口中的start()和stop()方法。代码如下：

```
interface PCI{//这是Java接口，相当于主板上的PCI插槽的规范
    void start();
    void stop();
}
class SoundCard implements PCI{//声卡类，实现了PCI插槽的规范，但行为完全不同
    public void start(){
        System.out.println("Du du du ......");
    }
    public void stop(){
        System.out.println("Sound stop!");
    }
}
class NetworkCard implements PCI{//网卡类，实现了PCI插槽的规范，但行为完全不同
```

```
    public void start(){
        System.out.println("Send ......");
    }
    public void stop(){
        System.out.println("Network stop!");
    }
}
class MainBoard{
    public void usePCICard(PCI p){ // 该方法可使主板插入任意符合PCI插槽规范的卡
        p.start();
        p.stop();
    }
}
public class Assembler{
    public  static void main(String args[]){
        PCI nc = new NetworkCard();
        PCI sc = new SoundCard();
        MainBoard mb = new MainBoard();
        //主板上插入网卡
        mb.usePCICard(nc);
        //主板上插入声卡
        mb.usePCICard(sc);
    }
}
```

程序运行结果如图4-8所示。

图 4-8　程序运行结果

由此例可以看出，Java开发系统时，主体构架可以使用接口，由接口构成系统的骨架，这样就可以通过更换接口的实现类来更换系统的实现，这种方式被称作面向接口的编程方式。

## 4.4 多态性

同一个消息发送给不同的对象，不同的对象在接收时会产生不同的行为（即方法），即每个对象可以用自己的方式去响应共同的消息，这就是多态性。Java中多态性有两种实现方式：重载和覆盖。

### ■4.4.1 多态性概述

Java语言中，多态性体现在两个方面：由方法重载实现的静态多态性（编译时多态）和由方法重写实现的动态多态性（运行时多态）。

**1. 编译时多态**

在编译阶段，具体调用哪个被重载的方法，编译器会根据参数的不同来确定调用相应的方法。

**2. 运行时多态**

由于子类继承了父类所有的属性（private属性除外），所以子类对象可以作为父类对象使用。程序中凡是使用父类对象的地方，都可以用子类对象来代替。一个对象可以通过引用子类的实例来调用子类的方法。

### ■4.4.2 静态多态性

静态多态性是指在编译的过程中确定同名操作的具体操作对象。下面的代码体现了编译时的多态性。

```
public class Person{
    private String name;
    private int age;
    public void initInfo(String n,int a) {// 同名方法，参数不同
        name =n;
        age =a;
    }
    public void initInfo(String n) {// 同名方法，参数不同
        name =n;
    }
    public void showInfo() {
        System.out.println( "尊敬的"+name+"，您的年龄为：  "+age);
    }
}
```

## ■4.4.3 方法的动态调用

和静态联编相对应，如果联编工作在程序运行阶段才能完成，则称为动态联编。在编译、连接过程中无法解决的联编问题，要等到程序开始运行之后再来确定。

如果父类的引用指向一个子类对象，当调用一个方法完成某个功能时，程序只能在运行时才能选择正确的子类的方法去实现该功能，这种方式称为方法动态绑定。下面是方法动态调用的一个简单例子。

```
class Parent{
   public void function(){
      System.out.println("I am in Parent!");
   }
}
class Child extends Parent{
   public void function(){
      System.out.println("I am in Child!");
   }
}
public class test_parent{
   public static void main(String args[]){
      Parent p1 = new Parent( );   //创建父类对象
      Parent p2 = new Child( );   //创建子类对象，并将子类对象赋值给父类对象
      p1.function( );
      p2.function( );
   }
}
```

程序运行结果如图4-9所示。

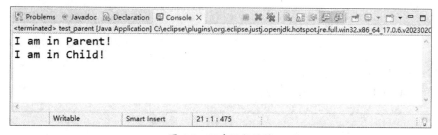

图 4-9　程序运行结果

当语句 Parent p2=new Child(); 执行时，父类的引用p2指向子类Child对象，语句 p2.function(); 执行时，子类的方法function()重写父类同名的方法，因此输出结果是"I am in Child!"。

事实上，一个对象变量（如例子中的Parent）可以指向多种实际类型，这种现象称为"多态"。在运行时自动选择正确的方法进行调用，称作方法的动态绑定。

## ■4.4.4　父类对象与子类对象之间的类型转化

假设类B是类A的子类或间接子类，当用子类B创建一个对象，并把这个对象的引用赋给类A的对象，如下面代码所示：

```
A a;
B b = new B();
a = b;
```

此时称这个类A的对象a是子类对象b的上转型对象。

子类对象可以赋给父类对象，但指向子类的父类对象不能操作子类中新增的成员变量，不能使用子类中新增的方法。

上转型对象可以操作子类继承或覆盖的成员变量，也可以使用子类继承或重写的方法。可以将对象的上转型对象再强制转换成一个子类对象，该子类对象便又具备了子类所有的属性和功能。

如果子类重写了父类的方法，那么重写方法的调用原则是：Java运行时系统根据调用该方法的实例来决定调用哪个方法。具体而言，对子类的一个实例，如果子类重写了父类的方法，则运行时系统调用子类的方法；如果子类继承了父类的方法（未重写），则运行时系统调用父类的方法。

下面的程序是说明类对象间类型转换的一个简单实例。

```
class  Mammal{  //哺乳动物类
    private int n=50;
    void crySpeak(String s) {
        System.out.println(s);
    }
}
public class Monkey extends Mammal{  // 猴子类
    void computer(int aa,int bb) {
        int cc=aa*bb;
        System.out.println(cc);
    }
    void crySpeak(String s) {
        System.out.println("**"+s+"**");
    }
    public static void main(String args[]){
        // mammal是Monkey类的对象的上转型对象
        Mammal mammal=new Monkey();
        mammal.crySpeak("I love this game");
        // mammal.computer(10,10);
        //把上转型对象强制转化为子类的对象
```

```
    Monkey monkey = mammal;
    // Monkey monkey=(Monkey)mammal;
    monkey.computer(10,10);
  }
}
```

上述程序中，在执行语句 Monkey monkey=mammal; 时会出错，错误提示如图4-10所示。

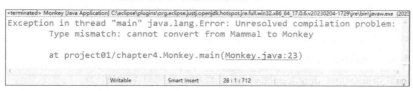

图 4-10　程序运行的错误提示

出错的原因在于：将父类的引用对象mammal指向子类对象后，父类对象不能直接赋给子类对象；父类对象如果要用子类新增的成员，则必须进行强制类型转换，将父类对象强制转换为子类对象。将赋值语句改为：

Monkey monkey=(Monkey)mammal;

父类对象和子类对象之间的转化需要遵循如下原则：
- 子类对象可被视为是其父类的一个对象。
- 父类对象不能被当作是其某一个子类的对象。
- 如果一个方法的形式参数定义的是父类对象，那么调用这个方法时，可以使用子类对象作为实际参数。

【示例4-3】利用多态性实现工资系统中的一部分程序。

Employee类是抽象的员工父类，Employee类的子类有经理类Boss和普通雇员类CommissionWorker。其中，Boss类中新增一成员函数，用于设置经理每周的固定工资，不计工作时间；CommissionWorker类中新增3个成员函数，用于计算基本工资和根据每周的销售额发放的浮动工资等。子类Boss和CommissionWorker都声明为final，表明它们不再派生新的子类。代码如下：

```
import java.text.DecimalFormat;
abstract class Employee{//抽象的父类Employee
    private String name;
    private double mini_salary = 600;
    public Employee( String name ) {// 构造方法
        this.name = name;
    }
    public String getEmployeeName(){
```

```
        return name;
    }
    public String toString(){   //输出员工信息
        return  name;
    }
    // Employee类的抽象方法getSalary()，具体实现放在子类中
    public abstract double getSalary();
}
final class Boss extends Employee{
    private double weeklySalary; //Boss类中新添成员变量，周薪
    public Boss(String name, double salary) { // 经理Boss类的构造方法
        super(name); // 调用父类的构造方法为父类员工赋初值
        setWeeklySalary( salary ); //设置Boss的周薪
    }
    public void setWeeklySalary( double s ) {// 经理Boss类的工资
        weeklySalary = ( s > 0 ? s : 0 );
    }
    public double getSalary(){//重写父类的getSalary()方法，确定Boss的薪水
        return weeklySalary;
    }
    public String toString() {//重写父类同名的方法toString()，输出Boss的基本信息
        return "经理: " + super.toString(); //调用父类的同名方法
    }
}
final class CommissionWorker extends Employee{
    private double salary;              // 每周的底薪
    private double commission;          // 每周奖金系数
    private int quantity;               // 销售额
    //普通员工类的构造方法
    CommissionWorker(String name,double salary, double commission, int quantity) {
        super( name );                  // 调用父类的构造方法
        setSalary( salary );
        setCommission( commission );
        setQuantity( quantity );
    }
    public void setSalary( double s ) { // 确定普通员工的每周底薪
        salary = ( s > 0 ? s : 0 );
    }
```

```java
    public void setCommission( double c ) { // 确定普通员工的每周奖金
        commission = ( c > 0 ? c : 0 );
    }
    public void setQuantity( int q ) { // 确定普通员工销售额
        quantity = ( q > 0 ? q : 0 );
    }
        // 重写父类的getSalary()方法，确定CommissionWorker的薪水
    public double getSalary() {
        return salary + commission * quantity;
    }
    //重写父类同名的方法toString()，输出CommissionWorker的基本信息
    public String toString(){
        return "普通员工： " + super.toString(); //调用父类的同名方法
    }
}
public class test_abstract{
    public static void main( String args[] ){
        Employee employeeRef;   // employeeRef为父类Employee的引用
        String output = "";
        Boss boss = new Boss( "李晓华", 800.00 );
        CommissionWorker commission = new CommissionWorker( "张 雪",500.0, 3.0, 150);
        //创建一个输出数据的格式化描述对象
        DecimalFormat precision = new DecimalFormat( "0.00" );
        // 把父类的引用employeeRef赋值为子类Boss对象boss的引用
        employeeRef = boss;   // 把父类的引用指向子类Boss对象
        output += employeeRef.toString() + " 工资 ￥" +
            precision.format( employeeRef.getSalary() ) + "\n" +
            boss.toString() + " 工资 ￥" +
            precision.format( boss.getSalary() ) + "\n";
        // 把父类的引用employeeRef赋值为子类普通员工对象commission的引用
        employeeRef = commission;
        output += employeeRef.toString() + " 工资 ￥" +
            precision.format( employeeRef.getSalary() ) + "\n" +
            commission.toString() + " 工资 ￥" +
            precision.format( commission.getSalary() ) + "\n";
        System.out.println(output);
    }
}
```

程序运行结果如图4-11所示。

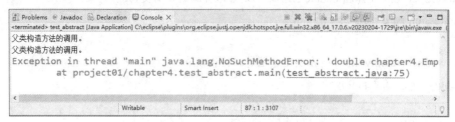

图 4-11　程序运行结果

为实现动态多态性，下面以Boss子类的处理为例说明动态方法绑定的实现过程。

（1）在主程序中，首先声明了对父类的引用employeeRef，语句如下：

Employee employeeRef;　// employeeRef为父类Employee的引用

（2）然后实例化Boss子类的对象，调用Boss类的构造函数时会通过super(name)调用父类的构造方法初始化父类相关的方法和成员，语句如下：

Boss boss = new Boss( "李晓华", 800.00 );

（3）之后再把父类的引用employeeRef指向Boss类的对象boss，这是实现动态方法绑定的必需的一步，语句如下：

employeeRef = boss;　// 把父类的引用指向子类Boss对象

（4）父类的引用会调用相应的方法实现不同员工工资的处理过程，运行到此步时才会确定此时被引用的对象是Boss类的对象并调用Boss类的方法getSalary()覆盖父类同样的方法，而不是调用父类Employee的方法getSalary()，这就是所谓的动态方法绑定——直到程序运行时才确定是哪一个对象的方法被调用。如：

employeeRef.getSalary()

（5）如果父类中没有和子类定义同样的方法getSalary()，则将父类的引用指向父类的任何一个子类的对象时，上述方法的调用（employeeRef.getSalary()）在编译时就会出现编译错误，因为employeeRef的声明类为Employee，而getSalary()方法不是它自身定义的方法。因此，动态方法绑定的实现必须保证引用的方法在父类与子类中是共存的。

（6）输出语句中父类的引用调用的方法getSalary()和boss对象调用的方法getSalary()的输出结果一样，表明在多态的动态实现时父类的引用指向了相应的子类对象。例如：

employeeRef.toString()
boss.toString()

二者的输出结果是一样的。

有关CommissionWorker子类的处理与Boss子类的处理一样，此处不再一一描述。

## 4.5 包

包就是一些提供访问保护和命名空间管理的相关类与接口的集合。使用包的目的就是使类容易查找并使用，防止命名冲突，以及控制访问。

### ■4.5.1 包的定义及使用

标准Java库被分类成许多的包，如java.io、javax.swing、java.net等。标准Java包是分层次的，就像在硬盘上嵌套的各级子目录一样，可以通过层次嵌套组织包。所有的Java包都在java和javax包层次内。

**1. 定义包**

定义包的一般格式为：

```
package  pkg[.pkg1[.pkg2]];
```

说明：

● package：定义包的关键字。

● pkg：包名。

定义包的语句必须放在所有程序的最前面。程序也可以没有包，则编译时编译单元属于无名包，生成的class文件一般放在与.java文件同名的目录下。包名一般用小写。

例如：

```
package  employee;
package employee.commission;
```

创建包就是在当前文件夹下创建一个子文件夹，以便存放这个包中包含的所有类的.class文件。上述第2个创建包的语句中的符号"."代表了目录分隔符，即这个语句创建了两个文件夹：第1个是当前文件夹下的子文件夹employee，第2个是employee下的子文件夹commission。当前包中的所有类文件就存放在这个文件夹里。

**2. 向包中添加类**

要把类放入一个包中，必须把包的名字放在源文件头部，并且放在对包中的类进行定义的代码之前。例如，在文件Employee.java的开始部分的代码如下：

```
package myPackage;
public class Employee{
...
}
```

以上述方式编写的Employee类编译后生成的Employee.class会存放在子目录myPackage（即包myPackage）中。

## ■4.5.2　包的引用

通常一个类只能引用与它在同一个包中的类。如果需要引用其他包中的public类，则可以使用如下的几种方法。

### 1. 直接使用包名、类名前缀

一个类要引用其他的类，无非是继承这个类或创建这个类的对象并使用它的属性、调用它的方法而已。对于同一包中的其他类，只需在要使用的属性或方法名前加上类名作为前缀即可；对于其他包中的类，则需要在类名前缀的前面再加上包名前缀。例如：

employee.Employee ref = new  employee.Employee(); // employee为包名

### 2. 加载包中单个的类

用import语句加载整个类到当前程序中，此时需要在Java程序的最前方加上下面的语句。

import  employee.Employee;
Employee ref = new  Employee();//创建对象

### 3. 加载包中多个类

用import语句引入整个包，此时这个包中的所有类都会被加载到当前程序中。例如，加载整个employee包的import语句可以写为：

import  employee . *;  //加载用户自定义的employee包中的所有类

Java的类库是系统提供的已实现的标准类的集合，是Java编程的API，它可以帮助开发者方便、快捷地开发Java程序。

## 课后练习

面向对象程序设计的优点之一是可通过继承实现软件复用。本章主要介绍了Java中继承的定义和实现；子类继承父类的功能，并根据具体需要添加自身特有的功能；还介绍了Java中包的概念。读者可以自行练习以下操作，熟悉本章讲述的主要内容。

练习1：继承（抽象类）的实例。

下面给出了一个根据员工类型利用抽象方法和多态性完成工资单计算的程序。Employee是抽象（abstract）的父类，父类Employee的子类有经理类Boss（对于经理的工资计算是每周发给固定的工资，而不计工作时间）、普通雇员类CommissionWorker（工资计算除基本工资外，还根据销售额发放浮动工资）、计件工人类PieceWorker（按其生产的产品数发放工资）、计时工人类HourlyWorker（根据工作时间长短发放工资）。该例中的Employee类的每个子类都声明为final，因为不需要再用它们生成子类。类间的结构关系如图4-12所示。

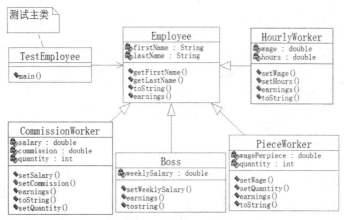

图4-12　类间的结构关系

设计要求：根据面向对象程序设计中多态性的特点，用Java实现上述类的关系。

**练习2：家用电器遥控系统的实现。**

已知某企业欲开发一套家用电器遥控系统，满足用户使用一个遥控器即可控制某些家用电器的开与关。遥控器如图4-13所示。该遥控器共有4个按钮，编号分别是0至3，按钮0和2能够遥控打开电器1（卧室电灯）和电器2（客厅电视），并选择相应的频道，按钮1和3则能遥控关闭电器1和电器2。由于遥控系统需要支持形式多样的电器，因此，该系统的设计要求具有较高的扩展性。现假设需要控制客厅电视和卧室电灯，对该遥控系统进行设计所得类图如图4-14所示。

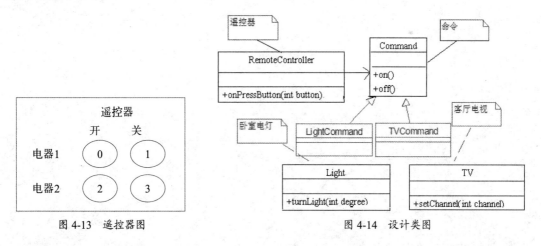

图4-13　遥控器图　　　　　　　　　　　图4-14　设计类图

类RemoteController的方法onPressButton(int button)表示当遥控器按键按下时调用的方法，参数为按键的编号(0,1,2,3)；类Command接口中on()和off()方法分别用于控制电器的开与关；类Light中turnLight(int degree)方法用于调整电灯灯光的强弱，参数degree值为0时表示关灯，值为100时表示开灯并且将灯光亮度调整到最大；类TV中setChannel(int channel)方法表示设置电视播放的频道，参数channel值为0时表示关闭电视，值为1时表示开机并将频道切换为第1频道。

设计要求：用Java实现上述类的关系。

# 第**5**章

# 常用基础类

**内容概要**

Java系统提供了大量的类和接口，分别存放在不同的包中，这些包的集合称为基础类库，简称"类库"，也就是Java的应用程序接口（API）。本章将对java.lang和java.util两个包中的一些基础类进行介绍，主要包括包装类、字符串类、数学类、日期类和随机数类等。通过对本章内容的学习，读者应能了解并掌握Java API的使用方法；掌握字符串类、数学类、日期类和随机数类的常用方法；明确基本数据类型与包装类的关系。

# 5.1 包装类

Java是一种面向对象的语言，Java中的类把方法与数据连接在一起，构成了自包含式的处理单元。但是，Java中的基本数据类型却不是面向对象的，这在实际使用时会存在很多不便之处。为了弥补这个不足，Java为每个基本数据类型都提供了相应的包装类，这样便可以把这些基本数据类型转换为对象来处理。

Java语言提供了8种基本数据类型，其中包含6种数字类型（4个整数型、2个浮点型），1种字符类型，还有1种布尔类型。这8种基本数据类型对应的包装类都位于java.lang包中，基本数据类型和包装类的对应关系如表5-1所示。

表5-1 基本数据类型和包装类的对应关系

| 基本数据类型 | 包装类 | 基本数据类型 | 包装类 |
| --- | --- | --- | --- |
| byte | Byte | char | Character |
| short | Shrot | float | Float |
| int | Integer | double | Double |
| long | Long | boolean | Boolean |

从表5-1可以看出，除了int和char之外，其他基本数据类型的包装类都是将其首字母变为大写即可。包装类的用途主要有两方面：一是作为和基本数据类型对应的类型存在，方便涉及到对象的操作；二是包含每种基本数据类型的相关属性（如最大值、最小值等），以及相关的操作方法。

基本数据类型和对应的包装类可以相互转换，具体转换规则如下：

- 由基本类型向对应的包装类转换称为装箱，例如，把int类型数据包装成Integer类的对象。
- 包装类向对应的基本类型转换称为拆箱，例如，把Integer类的对象重新简化为int类型数据。

由于包装类的用法非常相似，本节以Integer包装类为例介绍包装类的使用方法。

### 1. 构造方法

Integer类有如下两个构造方法。

- 以int类型变量作为参数创建Integer对象。例如：

```
Integer number = new Integer(7);
```

- 以String型变量作为参数创建Integer对象。例如：

```
Integer number = new Integer("7");
```

### 2. int和Integer类之间的转换

通过Integer类的构造方法将int类型数据装箱，通过Integer类的intValue()方法将Integer对象拆箱。

### 3. 整数和字符串之间的转换

Java提供了便捷的方法，以便在数字和字符串间进行轻松转换。

Integer类中的parseInt()方法可以将字符串转换为int数值，该方法的原型如下：

public static int parseInt(String s)

其中，s参数代表要转换的字符串，如果字符串中有非数字字符，则程序执行将出现异常。

另一个将字符串转换为int数值的方法的原型如下：

public static parseInt(String s,int radix)

其中，radix参数代表指定的进位制（如二进制、八进制等），默认为十进制。

另外，Integer类中有一个静态的toString()方法，可以将整数转换为字符串，原型如下：

public static String toString(int i)

## 5.2 字符串类

在Java中，字符串是作为内置对象进行处理的。在java.lang包中，有两个专门处理字符串的类，分别是String和StringBuffer。这两个类提供了十分丰富的功能特性，用于处理字符串。由于String类和StringBuffer类都定义在java.lang包中，因此它们可以自动被所有程序利用。这两个类都被声明为final，这意味着两者均没有子类，也不能被用户自定义的类继承，本节将介绍String和StringBuffer这两个类的用法。

### ■5.2.1 String类

String类表示定长、不可变的字符序列，Java程序中所有的字符串常量（如"abc"等）都是作为此类的实例来实现的。它的特点是：一旦赋值，便不能改变其指向的字符串对象，如果更改，则会指向一个新的字符串对象。

#### 1. String类的构造方法

String类支持多种构造方法，共有13个，如下所列：

String()
String(byte[] bytes)
String(byte[] ascii，int hibyte)
String(byte[] bytes，int offset，int length)
String(byte[] ascii，int hibyte，int offset，int count)
String(byte[] bytes，int offset，int length，String charsetName)
String(byte[] bytes，String charsetName)
String(char[] value)

String(char[] value，int offset，int count)
String(int[] codePoints，int offset，int count)
String(String original)
String(StringBuffer buffer)
String(StringBuilder builder)

在初始化一个字符串对象的时候，可以根据需要调用相应的构造方法。
- 参数为空的构造方法是String类默认的构造方法，例如：

String str=new String();

该语句将创建一个String对象，该对象中不包含任何字符。
- 如果希望创建含有初始值的字符串对象，可以使用带参数的构造方法。例如：

char[] chars={'H','I'};
String s=new String(chars);

这个构造方法用字符数组chars中的字符初始化s，结果s中的值就是"HI"。
- 使用下面的构造函数可以指定字符数组的一个子区域作为初始化值。

String(char[] value，int offset，int count)

其中，offset指定了区域的开始位置，count表示区域的长度（即包含的字符个数）。例如，在程序中有如下两条语句：

char chars[]={'W','e','l','c','o','m'};
String s=new String(chars,3,3);

执行以上两条语句后s的值就是"com"。
- 用下面的构造方法可以构造一个String对象，该对象包括了与另一个String对象相同的字符序列。

String(String original)

其中，original是一个字符串对象。
【示例5-1】创建一个类，在其中使用不同的构造方法创建String对象。代码如下：

```java
public class CloneString {
  public static void main(String args[]){
    char c[]={'H','e','l','l','o'};
    String str1=new String(c);
    String str2=new String(str1);
```

```
    System.out.println(str1);
    System.out.println(str2);
  }
}
```

运行此程序，输出结果如图5-1所示。

图 5-1　程序运行结果

这里需要注意的是，当从一个数组创建一个String对象时，数组的内容将被复制。在字符串被创建以后，如果改变数组的内容，String对象将不会随之改变。

上面的例子说明了如何通过使用不同的构造方法创建一个String对象，但是这些方法在实际的编程中并不常用。对于程序中的每一个字符串常量，Java会自动创建String对象。因此，可以使用字符串常量初始化String对象。例如，下面的程序代码段创建了两个相等的字符串。

```
char chars[]={'W', 'a', 'n', 'g'};
String sl=new String(chars);
String s2="Wang";
```

执行此代码段，则s1和s2的内容相同。

由于对应每一个字符串常量都有一个String对象被创建，因此，在使用字符串常量的任何地方，都可以使用String对象。使用字符串常量来创建String对象是最为常见的。

**2. 字符串长度**

字符串的长度是指字符串所包含的字符个数，调用String对象的length()方法可以得到这个值。

**3. 字符串连接**

"+"运算符可以连接两个字符串，产生一个String对象。也允许使用多个"+"运算符，把多个字符串对象连接成一个字符串对象。

**4. 字符串与其他类型数据的连接**

字符串除了可以连接字符串以外，还可以和其他基本类型数据连接，连接以后成为新的字符串。例如：

```
int age=38;
String s="He is "+age+" years old.";
System.out.println(s);
```

执行此段程序，输出结果为：He is 38 years old.

### 5. 利用charAt()方法截取一个字符

从一个字符串中截取一个字符，可以通过charAt()方法实现。格式如下：

```
char charAt(int where)
```

其中，where是要获取的字符的下标，其值必须为非负的，它指定该字符在字符串中的位置。例如：

```
char ch;
ch="abc".charAt(1);
```

执行以上两条语句，则ch的值为'b'。

### 6. getChars()方法

如果一次需要截取多个字符，可以使用getChars()方法。它的格式为：

```
void getChars(int sourceStart,int sourceEnd,char target[],int targetStart)
```

其中，sourceStart表示子字符串的开始位置，sourceEnd是子字符串中最后一个字符的下一个字符的位置，因此截取的子字符串包含了从sourceStart到sourceEnd-1的字符，字符串存放在字符数组target中从targetStart开始的位置，在此必须确保target数组足够大，能容纳所截取的子串。

### 7. getBytes()方法

getBytes()方法使用平台的默认字符集将此字符串编码为byte序列，并将结果存储到一个新的byte数组中。该方法也可以使用指定的字符集对字符串进行编码，把结果存到字节数组中。String类中提供了getBytes()的多个重载方法，在进行Java的I/O操作的过程中，此方法是很有用的。使用本方法，还可以解决中文乱码的问题。

### 8. 利用toCharArray()方法实现将字符串转换为一个字符数组

如果要将字符串对象中的字符转换为一个字符数组，最简单的方法就是调用toCharArray()方法。它的一般格式为： char[] toCharArray() 。此方法是为了便于使用而提供的，也可以使用getChar()方法获得相同的结果。

### 9. 对字符串进行各种形式的比较操作

String类中提供了几个用于比较字符串或其子串的方法。

（1）equals()和equalsIgnoreCase()方法。

使用equals()方法可以比较两个字符串是否相等。它的一般格式为：

public boolean equals(Object obj)

如果两个字符串具有相同的字符和长度，返回true，否则返回false。这种比较是区分大小写的。

为了执行忽略大小写的比较，可以使用equalsIgnoreCase()方法，它的格式为：

public boolean equalsIgnoreCase(String anotherString)

【示例5-2】简单演示equals()和equalsIgnoreCase()的区别，代码如下：

```java
public class EqualDemo {
    public static void main(String[] args) {
        String s1="hello";
        String s2="hello";
        String s3="Good-bye";
        String s4="HELLO";
        System.out.println(s1+" equals "+s2+"->"+s1.equals(s2));
        System.out.println(s1+" equals "+s3+"->"+s1.equals(s3));
        System.out.println(s1+" equals "+s4+"->"+s1.equals(s4));
        System.out.println(s1+" equalsIgnoreCase "+s4+"->"+s1.equalsIgnoreCase(s4));
    }
}
```

运行此程序，输出结果如图5-2所示。

图 5-2　程序运行结果

（2）startsWith()和endsWith()方法。

startsWith()方法用于判断该字符串是否以指定的字符串开始，而endsWith()方法用于判断该字符串是否以指定的字符串结尾，它们的格式为：

public boolean startsWith(String prefix)
public boolean endsWith(String suffix)

其中，prefix和suffix是被测试的字符串，如果字符串匹配，则返回true，否则返回false。例如，"Foobar".endWith("bar")和"Foobar".startsWith("Foo")的结果都是true。

（3）equals()与"=="的区别。

equals()方法与"=="运算的功能都是比较是否相等，但它们二者的具体含义却不同，理解它们之间的区别很重要。如上面解释的那样，equals()方法比较的是字符串对象中的字符是否相等，而"=="运算符比较的是两个对象引用是否指向同一个对象。

以下代码演示了equals()方法与"=="的区别。

```
public class EqualsDemo {
    public static void main(String[] args) {
        String s1="book";
        String s2=new String(s1);
        String s3=s1;
        System.out.println("s1 equals s2->"+s1.equals(s2));
        System.out.println("s1 == s2->"+(s1==s2));
        System.out.println("s1 == s3->"+(s1==s3));
    }
}
```

运行此程序，输出结果如图5-3所示。

图 5-3　EqualsDemo 的运行结果

（4）compareTo()方法。

通常，仅知道两个字符串是否相同是不够的，例如，对于实现排序的程序，必须知道一个字符串是大于、等于还是小于另一个字符串。字符串的大小关系是指它们在字典中出现的先后顺序，先出现的小，后出现的大。compareTo()方法用于实现字符串比较的功能。它的一般格式为：

```
public int compareTo(String anotherString)
```

其中，anotherString是被比较的对象，此方法的返回值有3个，分别代表不同的含义。

- 值小于0：调用字符串小于anotherString字符串。
- 值大于0：调用字符串大于anotherString字符串。
- 值等于0：调用字符串等于anotherString字符串。

### 10. 字符串搜索

String类提供了两个方法，可以实现在字符串中搜索指定的字符或子字符串。一是indexOf()方法，用来搜索字符或子字符串首次出现的位置；二是lastIndexOf()方法，用来搜索字符或子字符串最后一次出现的位置。

indexOf()方法有四种形式，分别如下：

```
int indexOf(int ch)
int indexOf(int ch，int fromIndex)
int indexOf(String str)
int indexOf(String str，int fromIndex)
```

第一种形式返回指定字符在字符串中首次出现的位置，其中，ch代表指定的字符；第二种形式返回从指定搜索位置起指定字符在字符串中首次出现的位置，其中，ch代表指定字符，fromIndex代表指定位置；第三种形式返回指定子字符串在字符串中首次出现的位置，其中，str代表指定子字符串；第四种形式返回从特定搜索位置起特定子字符串在字符串中首次出现的位置，其中，str代表特定的子字符串，fromIndex代表特定搜索位置。

lastIndexOf方法也有四种形式，分别如下：

```
int lastIndexOf(int ch)
int lastIndexOf(int ch, int fromIndex)
int lastIndexOf(String str)
int lastIndexOf(String str, int fromIndex)
```

其中，每个方法中参数的具体含义和indexOf()方法类似。

### 11. 字符串修改

字符串的修改包括获取字符串中的子串、字符串之间的连接、替换字符串中的某字符、消除字符串中的空格等。在String类中都有相应的方法来提供这些功能。

```
String substring(int startIndex)
String substring(int startIndex，int endIndex)
String concat(String str)
String replace(char original，char replacement)
String replace(CharSequence target，CharSequence replacement）
String trim()
```

substring()方法用来得到字符串中的子串，这个方法有两种形式：第一种形式返回从startIndex开始到该字符串结束的子字符串的拷贝，其中，startIndex为指定的开始下标；第二种形式返回的字符串包括从开始下标直到结束下标的所有字符，但不包括结束下标对应的字符，其中，startIndex为指定的开始下标，endIndex为指定的结束下标。

concat()方法用来连接两个字符串。这个方法会创建一个新的对象，该对象包含原字符串，同时把str的内容跟在原来字符串的后面。concat()方法与"+"运算符具有相同的功能。

replace()方法用来替换字符串，这个方法也有两种形式。第一种形式中，original是原字符串中需要替换的字符，replacement是用来替换original的字符。第二种形式在编程中不是很常用。

trim()方法用于去除字符串前后多余的空格。

需要注意的是，因为字符串是不能改变的对象，所以调用上述修改方法对字符串进行修改都会产生新的字符串对象，原来的字符串保持不变。

## 12. valueOf()方法

valueOf()方法是String类内部的静态方法，利用此方法几乎可以将所有的Java简单数据类型转换为String类型。因此，valueOf()方法是String类型和其他Java简单类型之间的一座转换桥梁。除了可以把Java中的简单类型转换为字符串之外，valueOf()方法还可以把Object类和字符数组也转换为字符串。

valueOf()方法共有九种形式。

```
static String valueOf(boolean b)
static String valueOf(char c)
static String valueOf(char[] data)
static String valueOf(char[] data, int offset, int count)
static String valueOf(double d)
static String valueOf(float f)
static String valueOf(int i)
static String valueOf(1ong l)
static String valueOf(Object obj)
```

## 13. toString()方法

toString()方法是在类Object中定义的，任何类都有这个方法。默认的toString()方法仅仅返回一个String类型的对象，该对象包含描述类中对象的可读的字符串。toString()方法的一般格式为：String toString()。

对于用户创建的大多数类，往往toString()方法的默认实现是不够的，用户通常希望用自己提供的字符串表达式重载toString()方法。通过对所创建类的toString()方法的覆盖，允许得到的字符串完全适用于程序设计环境中。例如，它们被用于输出语句print()或println()中，以及连接表达式中。当Java在使用连接运算符"+"将其他类型数据转换为字符串形式时，是通过调用valueOf()方法或toString()方法来完成的。对于简单类型，调用的是valueOf()方法返回一个字符串；对于对象，调用的是对象的toString()方法返回一个字符串。

【示例5-3】定义一个Person类，在此类中重写toString()方法，当Person对象在调用println()方法中被使用时，Person类的toString()方法被自动调用。代码如下：

```
public class Person {
    String name;
    int age;
    Person(String n,int a){
        this.name=n;
        this.age=a;
    }
    public String toString(){  //覆盖超类的toString()方法，返回自己定义的字符串对象
        return "姓名是"+name+",年龄是"+age+"岁";
    }
    public static void main(String[] args) {
        Person p=new Person("春雪瓶",18);
        System.out.println(p);  //p实际上是p.toString()
    }
}
```

运行该程序，输出结果如图5-4所示。

图 5-4　Person 的运行结果

## ■5.2.2　StringBuffer类

在实际应用中，经常需要对字符串进行动态修改，这时String类所提供的功能就不能满足要求了，需要用另一个类——StringBuffer类来处理。StringBuffer类可以实现字符串的动态添加、插入和替换等操作，StringBuffer类表示变长的和可写的字符序列。

### 1. StringBuffer类的构造方法

StringBuffer类中定义了四种构造方法，分别为：

```
StringBuffer()
StringBuffer(int capacity)
StringBuffer(String str)
StringBuffer(CharSequence seq)
```

第一种形式的构造方法预留了16个字符的空间，该空间不需再分配；第二种形式的构造方法接收一个整数参数，用以设置缓冲区的大小；第三种形式接收一个字符串参数，设置StringBuffer对象的初始内容，同时多预留了16个字符的空间；第四种形式的方法在实际编程中使用的次数很少。当没有指定缓冲区的大小时，StringBuffer类会分配16个附加字符的空间，这是因为再分配在时间上代价很大，且频繁地再分配会产生内存碎片。

### 2. append()方法

使用append()方法可以向已经存在的StringBuffer对象追加任何类型的数据，StringBuffer类提供了相应的append()方法，如下所示。

```
StringBuffer append(boolean b)
StringBuffer append(char c)
StringBuffer append(char[] str)
StringBuffer append(char[] str，int offset，int len)
StringBuffer append(CharSequence s)
StringBuffer append(CharSequence s，int start，int end)
StringBuffer append(double d)
StringBuffer append(float f)
StringBuffer append(int i)
StringBuffer append(long lng)
StringBuffer append(Object obj)
StringBuffer append(String str)
StringBuffer append(StringBuffer sb)
```

以上的方法都是向字符串缓冲区"追加"元素，但是，这个"元素"参数可以是布尔值、字符、字符数组、双精度数、浮点数、整型数、长整型数、对象、字符串和StringBuffer类对象等。如果添加的字符超出了字符串缓冲区的长度，Java将自动进行扩充。例如：

```
String question = new String("1+1=");
int answer = 3;
boolean result = (1+1==3);
StringBuffer s = new StringBuffer();
s.append(question);
s.append(answer);
s.append('\t');
s.append(result);
System.out.println(s);
```

执行上述代码段，则输出结果为：1+1=3    false 。

### 3. length()方法和capacity()方法

对于每一个StringBuffer对象来说，有两个很重要的属性，分别是长度和容量。通过调用length()方法可以得到当前StringBuffer对象的长度，通过调用capacity()方法可以得到当前StringBuffer对象总的分配容量。它们的一般格式如下：

```
int length()
int capacity()
```

例如：

```
StringBuffer s=new StringBuffer("Hello");
System.out.println("buffer="+s);
System.out.println("length="+s.length());
System.out.println("capacity="+s. capacity ());
```

执行上述代码，则输出结果如下：

```
buffer=Hello
length=5
capacity=21
```

通过此例可以看出，StringBuffer类是给该类对象的处理预留额外空间的（16个字符）。

### 4. ensureCapacity()方法和setLength()方法

ensureCapacity()方法的一般格式如下：

```
void ensureCapacity(int minimumCapacity)
```

该方法的功能是确保字符串容量至少等于指定的最小值。如果当前容量小于minimumCapacity参数，则可分配一个具有更大容量的新的内部数组。新容量的大小应大于minimumCapacity与（2*旧容量+2）中的最大值。如果minimumCapacity为非正数，此方法不进行任何操作返回。

使用setLength()方法可以设置字符序列的长度，其一般格式如下：

```
void setLength(int len)
```

其中，len参数指定了新字符序列的长度，这个值必须是非负的。如果len小于当前长度，则长度将改为len指定的长度；如果len大于当前长度，则系统会增加缓冲区的大小，空字符将被加在现存缓冲区的后面。

例如：

```
StringBuffer s1 = new StringBuffer(5);
StringBuffer s2 = new StringBuffer(5);
s1.ensureCapacity(6);
```

```
s2.ensureCapacity(100);
System.out.println( "s1.Capacity: " + s1.capacity() );
System.out.println( "s2.Capacity: " + s2.capacity() );
```

执行此段代码，则输出结果为：

```
s1.Capacity: 12
s2.Capacity: 100
```

如果更换为以下代码段：

```
StringBuffer s = new StringBuffer("0123456789");
s.setLength(5);
System.out.println( "s: " + s );
```

执行上述代码，则输出结果为：

```
s: 01234
```

### 5. insert()方法

insert()方法主要用于将一个字符串插入另一个字符串中，和append()方法一样，它也可以接收所有简单类型的值、Object类和String类的对象，以及CharSequence对象的引用。

实际上，insert()方法是先调用String类的valueOf()方法得到相应的字符串表达式，随后将这个字符串插入调用它的StringBuffer对象中。insert()方法的几种格式如下：

```
StringBuffer insert(int offset,boolean b)
StringBuffer insert(int offset,char c)
StringBuffer insert(int offset,char[] str)
StringBuffer insert(int index,char[] str,int offset,int len)
StringBuffer insert(int dstOffset,CharSequence s)
StringBuffer insert(int dstOffset,CharSequence s,int start,int end)
StringBuffer insert(int offset,double d)
StringBuffer insert(int offset,float f)
StringBuffer insert(int offset,int i)
StringBuffer insert(int offset,long l)
StringBuffer insert(int offset,Object obj)
StringBuffer insert(int offset,String str)
```

### 6. reverse()方法

使用reverse()方法可以将StringBuffer对象内的字符串进行翻转，它的一般格式如下：

```
StringBuffer reverse()
```

例如：

StringBuffer s=new StringBuffer("abcdef");

System.out.println(s);

s.reverse();

System.out.println(s);

代码执行后，输出结果为：

abcdef

fedcba

# 5.3 数学类

Math类也是java.1ang中的一个类，它包含完成基本数学函数所需的很多方法，是Java中的数学工具包。

## ■5.3.1 Math类的属性和方法

Math类里面定义的属性和方法都是静态的。在Math中定义了两个最常用的double型常量：E和PI（即e和π）。它定义的方法非常多，按功能可以分为如下几类：

- 三角和反三角函数。
- 指数函数。
- 各种不同的舍入函数。
- 其他函数。

表5-2列出几种常用的数学方法，其他方法请在使用时参阅JDK的帮助文档，本节不再赘述。

**表 5-2　Math 常用方法列表**

| 方法 | 功能描述 |
| --- | --- |
| static int abs(int arg) | 返回arg的绝对值 |
| static long abs(long arg) | 返回arg的绝对值 |
| static float abs(float arg) | 返回arg的绝对值 |
| static double abs(double arg) | 返回arg的绝对值 |
| static double ceil(double arg) | 返回大于或等于参数arg的最小整数 |
| static double floor(double arg) | 返回小于或等于参数arg的最大整数 |
| static int max(int x,int y) | 返回x和y中的最大值 |
| static long max(long x,long y) | 返回x和y中的最大值 |
| static float max(float x, float y) | 返回x和y中的最大值 |

（续表）

| 方法 | 功能描述 |
|------|----------|
| static double max(double x, double y) | 返回x和y中的最大值 |
| static int min(int x,int y) | 返回x和y中的最小值 |
| static long min(long x,long y) | 返回x和y中的最小值 |
| static float min(float x, float y) | 返回x和y中的最小值 |
| static double min(double x, double y) | 返回x和y中的最小值 |
| static double rint(double arg) | 返回最接近arg参数值的整数值 |
| static int round(float arg) | 返回参数arg的只入不舍的最近的整型（int）值 |
| static long round(double arg) | 返回参数arg的只入不舍的最近的长整型（long）值 |

另外，还有一个计算随机数的方法也比较常用，此方法的定义如下：

public static double random()

这个方法返回带正号的double值，该值的范围为[0.0,1.0]。此方法的返回值是一个伪随机选择的数，在该范围内（近似）均匀分布。第一次调用该方法时，它将创建一个新的伪随机数生成器，之后，新的伪随机数生成器可用于此方法的所有调用，但不能用于其他地方。此方法是完全同步的，可允许多个线程使用而不出现错误。但是，如果许多线程需要以极高的速率生成伪随机数，那么这可能会减少每个线程对拥有自己伪随机数生成器的争用。

## ■5.3.2 Math类的应用

【示例5-4】通过一个具体的实例，演示Math类中几个常用方法的使用。代码如下：

```
public class MathDemo {
    public static void main(String[] args) {
        double a=Math.random();
        double b=Math.random();
        System.out.println(Math.sqrt(a*a+b*b));
        System.out.println(Math.pow(a, 8));
        System.out.println(Math.round(b));
        System.out.println(Math.log(Math.pow(Math.E, 5)));
        double d=60.0,r=Math.PI/4;
        System.out.println(Math.toRadians(d));
        System.out.println(Math.toDegrees(r));
    }
}
```

运行此程序，输出结果如图5-5所示。

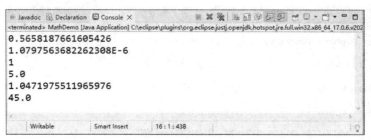

图 5-5　MathDemo 的运行结果

# 5.4　日期类

Java语言没有提供日期、时间的简单数据类型，它采用类对象来处理时间和日期。Java的日期时间类位于java.util包中。利用日期时间类提供的方法，可以获取当前的日期和时间、创建日期和时间参数或是计算和比较时间。本节主要介绍几个常用的日期时间类，熟悉它们的使用方法，这对程序开发会有很大的帮助。

## ■5.4.1　Date类

Date类封装的是当前的日期和时间。JDK中有两个同名的Date类，一个在java.util包中，一个在java.sql包中。前者在JDK 1.0中开始出现，但现在它里面的一些方法逐渐被弃用（被Calendar的相应方法所取代），而后者是前者的子类，用来描述数据库中的日期时间字段。

### 1. Date类常用的构造方法

public Date()

此构造方法实现分配Date对象并初始化此对象，以表示分配给它的时间（精确到毫秒）。

public Date(long date)

此构造方法实现分配Date对象并初始化此对象，date参数表示自从标准基准时间〔称为"历元（epoch）"，即1970年1月1日 00:00:00 GMT〕以来的指定毫秒数。

### 2. Date类常用的方法

Date类中有很多方法，可以对日期和时间进行操作，但是有许多方法从JDK 1.1以后都已过时，其相应的功能也由Calendar类中的方法取代，在此只介绍Date类中几个比较常用的方法，如表5-3所示。

表 5-3　Date 类中常用方法列表

| 方法 | 描述 |
| --- | --- |
| boolean after(Date when) | 测试此日期是否在指定日期之后 |

（续表）

| 方法 | 描述 |
|---|---|
| boolean before(Date when) | 测试此日期是否在指定日期之前 |
| Object clone() | 返回此对象的副本 |
| int compareTo(Date anotherDate) | 比较两个日期的顺序，如果参数anotherDate等于此Date，则返回值0；如果此Date在anotherDate参数之前，则返回小于0的值；如果此Date在anotherDate参数之后，则返回大于0的值 |
| boolean equals(Object obj) | 比较两个日期的相等性。当且仅当参数不为null，并且是一个表示与此对象相同的时间点（到毫秒）的Date对象时，结果才为true |
| long getTime() | 返回自1970年1月1日 00:00:00 GMT 以来此Date对象已经历的毫秒数 |
| void setTime(long time) | 设置此Date对象，time表示自1970年1月1日00:00:00GMT以后所经历的毫秒数 |
| String toString() | 把此Date对象转换为字符串形式 |

【示例5-5】演示Date类中相关方法的使用。代码如下：

```
import java.util.*;
public class DateDemo {
    public static void main(String[] args) {
        Date date=new Date();//实例化一个Date对象，代表当前时间点
        System.out.println(date);//用toString()方法显示时间和日期
        long msec=date.getTime();//得到date对象对应的日期的毫秒数
        System.out.println("1970-1-1到现在的毫秒数是"+msec);
    }
}
```

运行此程序，结果如图5-6所示。

图 5-6　DateDemo 的运行结果

## ■5.4.2　Calendar类

Calendar是一个抽象类，它提供了一组方法，可以将以毫秒为单位的时间转换成一组有用的分量。Calendar类没有公共的构造方法，要得到Calendar类对象，不能使用构造方法，而要先调用其静态方法getInstance()，再调用相应的对象方法。Calendar类提供的常用方法如表5-4所示。

表 5-4 Calendar 类常用方法列表

| 方法 | 描述 |
|---|---|
| boolean after(Object calendarObj) | 如果调用该方法的对象所包含的日期晚于由参数calendarObj指定的日期，则返回true，否则返回false |
| boolean before(Object calendarObj) | 如果调用该方法的对象所包含的日期早于由参数calendarObj指定的日期，则返回true，否则返回false |
| final int get(int calendarField) | 返回调用对象的一个分量的值，该分量由参数calendarField指定。calendarField可取的值有：Calendar.YEAR、Calendar.MONTH、Calendar.DATE、Calendar.DATE_OF_MONTH、Calendar.HOUR、Calendar.HOUR_OF_DAY、Calendar.MINUTE、Calendar.SECOND、Calendar.DAY_OF_WEEK等 |
| static Calendar getInstance() | 对默认的地区和时区，返回一个Calendar对象 |

【示例5-6】演示Calendar类中相关方法的使用。

用一个Calendar对象表示当前时间，分别输出不同格式的时间值，然后重新设置该Calendar对象的时间值，再输出更新后的时间。代码如下：

```
import java.util.*;
public class CalendarTest {
    public static void main(String[] args) {
        String[] months={"Jan","Feb","Mar","Apr","May","Jun","Jul","Aug","Sep","Oct","Nov","Dec"};
        //获得一个Calendar实例，表示当前时间
        Calendar calendar=Calendar.getInstance();
        System.out.print("Date:");
        //输出当前时间的年月日格式，注意Calendar.MONTH的取值为0~11
        System.out.print(months[calendar.get(Calendar.MONTH)]+" ");
        System.out.print(calendar.get(Calendar.DATE)+" ");
        System.out.println(calendar.get(Calendar.YEAR));
        System.out.print("Time:");
        //输出当前时间的时分秒格式
        System.out.print(calendar.get(Calendar.HOUR)+":");
        System.out.print(calendar.get(Calendar.MINUTE)+":");
        System.out.println(calendar.get(Calendar.SECOND));
        //重新设置该Calendar对象的时分秒值
        calendar.set(Calendar.HOUR,20);
        calendar.set(Calendar.MINUTE,57);
        calendar.set(Calendar.SECOND,20);
        System.out.print("Upated time: ");
        //输出更新后的时分秒格式
```

```
        System.out.print(calendar.get(Calendar.HOUR)+":");
        System.out.print(calendar.get(Calendar.MINUTE)+":");
        System.out.println(calendar.get(Calendar.SECOND));
    }
}
```

运行此程序，输出结果如图5-7所示。

图 5-7　CalendarTest 的运行结果

## ■5.4.3　DateFormat类

DateFormat类是Java提供的用来格式化分析日期或时间的工具类，可以将Date对象转换为指定格式的字符串，也可以将字符串转换为Date对象。DateFormat类位于java.text包中。

DateFormat类提供了很多方法，利用它们可以获得基于默认或者给定语言环境和多种格式化风格的默认日期时间的格式。格式化风格包括FULL、LONG、MEDIUM和SHORT等几种。例如：

DateFormat.SHORT:11/4/2009

DateFormat.MEDIUM:Nov 4,2009

DateFormat.FULL: Wednesday,November 4,2009

DateFormat.LONG: Wednesday 4,2009

因为DateFormat是抽象类，所以实例化对象的时候不能用new，而是通过调用静态方法返回DateFormat的实例。例如：

DateFormat df=DateFormat.getDateInstance();

DateFormat df=DateFormat.getDateInstance(DateFormat.SHORT);

DateFormatdf=DateFormat.getDateInstance(DateFormat.SHORT,Locale.CHINA);

使用DateFormat类型可以在日期时间和字符串之间进行转换。例如，把字符串转换为一个Date对象，可以使用DateFormat的parse()方法，其代码片段如下：

DateFormat  df = DateFormat.getDateTimeInstance();

Date date=df.parse("2011-05-28");

还可以使用DateFormat的format()方法把一个Date对象转换为一个字符串，例如：

String strDate=df.format(new Date());

另外，使用getTimeInstance可获得该国家的时间格式，使用getDateTimeInstance可获得日期和时间格式。

## ■5.4.4 SimpleDateFormat类

SimpleDateFormat类是DateFormat类的子类，如果希望定制日期数据的格式，用它的format()方法可将Date对象转换为指定日期格式的字符串，而用parse()方法可以将字符串转换为Date对象。例如：

System.out.println(new SimpleDateFormat("[yyyy-MM-dd hh:mm:ss:SSS] ").format(new Date()));

此语句将输出：[2023-03-17 09:45:45:419]。该语句是按照指定的格式把Date对象解析为字符串。

【示例5-7】按指定格式输出日期时间。代码如下：

```java
import java.text.*;
import java.util.*;
public class DateFormatDemo {
    public static void main(String[] args) {
        time();// 调用time()方法
        time2();// 调用time2()方法
        time3();// 调用time3()方法
    }
    // 获取现在的日期（24小时制）
    public static void time() {
        SimpleDateFormat sdf = new SimpleDateFormat();// 格式化时间
        sdf.applyPattern("yyyy-MM-dd HH:mm:ss a");// a为am/pm的标记
        Date date = new Date();// 获取当前时间
        // 输出已经格式化的现在时间（24小时制）
        System.out.println("现在时间: " + sdf.format(date));
    }
    // 获取现在时间（12小时制）
    public static void time2() {
        SimpleDateFormat sdf = new SimpleDateFormat();// 格式化时间
        sdf.applyPattern("yyyy-MM-dd hh:mm:ss a");
        Date date = new Date();
```

```
// 输出格式化的现在时间（12小时制）
System.out.println("现在时间: " + sdf.format(date));
}
// 获取五天后的日期
public static void time3() {
    SimpleDateFormat sdf = new SimpleDateFormat();// 格式化时间
    sdf.applyPattern("yyyy-MM-dd HH:mm:ss a");
    Calendar calendar = Calendar.getInstance();
    calendar.add(Calendar.DATE, 5);// 在现在日期加上五天
    Date date = calendar.getTime();
    // 输出五天后的时间
    System.out.println("五天后的时间: " + sdf.format(date));
    }
}
```

程序的运行结果如图5-8所示。

图 5-8　DateFormatDemo 的运行结果

## 5.5　随机数处理类

利用Math类中的random方法可以生成随机数，但该方法只能生成0.0～1.0的随机实数，要想生成其他类型和区间的随机数，就必须对得到的结果进行进一步的加工和处理。为简便起见，java.util包中提供了Random类，利用该类可以生成任何类型的随机数。

Random类中实现的随机算法是伪随机，也就是有规则的随机。在使用Random类时，随机算法的起源数字称为种子数（seed），在种子数的基础上进行一定的变换，从而产生需要的随机数。

Random类包含两种构造方法：一种不带任何参数，一种带一个种子数参数。

### 1. public Random()

该构造方法使用一个和当前系统时间对应的相对时间有关的数字作为种子数，然后使用这个种子数构造Random对象。

例如：

Random r = new Random();

### 2. public Random(long seed)

该构造方法通过指定一个种子数进行创建。

例如：

Random r1 = new Random(10);

Random类中的常用方法如表5-5所示。

**表5-5 Random 类的常用方法列表**

| 方法 | 功能描述 |
| --- | --- |
| public boolean nextBoolean() | 生成一个随机的boolean值，生成true和false值的概率相等 |
| public double nextDouble() | 生成一个随机的double值，数值介于[0,1.0)之间 |
| public int nextInt() | 生成一个介于$-2^{31}$到$2^{31}-1$之间的整数值 |
| public int nextInt(int n) | 生成一个区间[0,n)的整数值，包含0但不包含n |
| public void setSeed(long seed) | 重新设置Random对象中的种子数 |

相同种子数的Random对象，相同次数生成的随机数字是完全相同的。也就是说，两个种子数相同的Random对象，第一次生成的随机数字完全相同，第二次生成的随机数字也完全相同。这一点在生成多个随机数字时需要特别注意。

## 课后练习

**练习1：**

编写一个字符串功能类StringFunction，该类中包含如下方法。

（1）public int getWordNumber(String s) throws Exception。

参数s代表一个英文句子，该方法实现的功能是获得此英文句子的单词个数。如果参数为空或为空字符串，抛出异常，异常信息为"字符串为空"。

（2）public int getWordNumber(String s1, String s2) throws Exception。

参数s1、s2代表两个字符串，该方法实现的功能是返回字符串s2在字符串s1中出现的次数。

**练习2：**

编写一个日期功能类DateFunction，该类中包含如下方法。

（1）public static Date getCurrentDate()。

该方法的功能是获取当前日期。

（2）public static String getCurrentShortDate()。

该方法的功能是返回当前日期，格式为"yyyy-mm-dd"。

（3）public static Date covertToDate(String currentDate) throws Exception。

该方法的功能是将字符串日期转换为日期类型，字符串格式为"yyyy-mm-dd"。如果转换失败，则抛出异常。

编写测试类Test，对上述所有方法进行测试。

练习3：

编写程序输出某年某月的日历页，通过main()方法的参数将年和月份传递到程序中。

# 第 **6** 章

# 常用集合

## 内容概要

在编程中，常常需要集中存放多个数据。如果事先明确知道将要保存对象的数量，那么数组是一个很好的选择。但是如果需要保存一个可以动态增长的数据（在编译时无法确定具体的数量），数组就不好用了，此时需要使用Java中的集合类。

集合类的主要用途就是保存对象，因此集合类也被称为容器类。本章主要介绍常用集合类的具体使用方法，掌握这些常用集合类的用法将有助于编写功能相对复杂的程序。

# 6.1 集合简介

集合可理解为一个容器，该容器主要指映射（map）、集合（set）、列表（list）等抽象数据结构。容器可以包含有多个元素，这些元素通常是一些Java对象。针对上述抽象数据结构所定义的一些标准编程接口称之为集合框架。集合框架主要是由一组精心设计的接口、类和隐含在其中的算法所组成，通过它们可以采用集合的方式完成Java对象的存储、获取、操作和转换等功能。集合框架的设计是严格按照面向对象的思想进行的，它对上述所提及的抽象数据结构和算法进行了封装。封装的好处是提供一个易用的、标准的编程接口，使得在实际编程中不需要再定义类似的数据结构，直接引用集合框架中的接口即可，这样就提高了编程的效率和质量。此外还可以在集合框架的基础上完成如堆栈、队列和多线程安全访问等操作。

在集合框架中有几个基本的集合接口，分别是Collection接口、List接口、Set接口和Map接口，它们所构成的层次关系如图6-1所示。

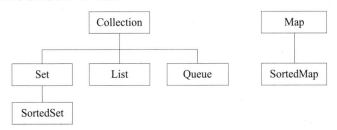

图 6-1　集合框架的层次关系

其中，Collection接口是最基本的集合接口，存储的是一组无序的对象；Set接口继承Collection，存储的是一组无序但唯一的对象；List接口继承Collection，并引入位置索引，允许集合中有重复对象，存储不唯一、但有序（插入顺序）的对象；Map接口与Collection接口无任何关系，存储的是一组键/值对对象，并提供键（key）到值（value）的映射，长度可动态改变。

## ■6.1.1 Collection接口

Collection接口中定义了一些通用的方法，这些方法主要分为三类：基本操作、批量操作和数组操作。

### 1. 基本操作

实现基本操作的方法有size()、isEmpty()、contains()、add()、remove()、iterator()等。

- **Size()方法**：返回集合中元素的个数。
- **isEmpty()方法**：返回集合是否为空。
- **contains()方法**：返回集合中是否包含指定的对象。
- **add()方法**：向集合中添加元素。
- **remove()方法**：删除集合中的元素。
- **iterator()方法**：用于返回Iterator对象。

检索集合中的元素主要有两种方法：使用增强的for循环和使用Iterator迭代器。

（1）使用增强的for循环。

使用增强的for循环不但可以遍历数组的每个元素，还可以遍历集合的每个元素。例如，下面的代码可输出集合的每个元素。

```
for (Object o : collection)
    System.out.println(o);
```

（2）使用迭代器。

迭代器（Iterator）是一个可以遍历集合中每个元素的对象，它实现了Iterator接口或listIterator接口。通过调用集合对象的iterator()方法可以得到Iterator对象，再调用Iterator对象的方法就可以遍历集合中的每个元素。

Iterator接口的定义如下：

```
public interface Iterator<E> {
    boolean hasNext();
    E next();
    void remove();
}
```

该接口中的hasNext()方法返回迭代器中是否还有对象；next()方法返回迭代器中的下一个对象；remove()方法删除迭代器中的对象，同时从集合中删除该对象。

假设c为一个Collection对象，要访问c中的每个元素，使用迭代器实现的代码如下：

```
Iterator it = c.iterator();    //创建Iterator对象
while (it.hasNext()){
    System.out.println(it.next());
}
```

**2. 批量操作**

实现批量操作的方法有containsAll()、addAll()、removeAll()、retainAll()、clear()等。

- **containsAll()方法**：返回集合中是否包含指定集合中的所有元素。
- **addAll()方法**：将指定集合中的元素添加到集合中。
- **removeAll()方法**：从集合中删除指定的集合元素。
- **retainAll()方法**：删除集合中不属于指定集合中的元素。
- **clear()方法**：删除集合中的所有元素。

**3. 数组操作**

实现集合与数组转换的方法是toArray()方法，该方法可以实现将集合元素转换成数组元素。它有两种实现形式：无参数形式和有参数形式。

- **无参数的toArray()方法**：将集合转换成Object类型的数组。

● **有参数的toArray()方法**：将集合转换成指定类型的对象数组。

例如，假设c是一个Collection对象，下面的代码将c中的对象转换成一个新的Object数组，数组的长度与集合c中的元素个数相同。

Object[] a = c.toArray();

假设c中只包含String对象，可以使用下面的代码将其转换成String数组，数组的长度与集合c中的元素个数相同。

String[] a = c.toArray(new String[0]);

参数new String[0]就是起一个模板的作用，用于指定返回数组的类型。

## ■6.1.2　Set接口

Set接口是Collection的子接口。Set接口对象类似于数学上集合的概念，其中不允许有重复的元素，并且元素在表中没有顺序要求，因此Set集合也被称为无序列表。

Set接口没有定义新的方法，只包含从Collection接口继承的方法。Set接口有几个常用的实现类，它们的层次关系如图6-2所示。

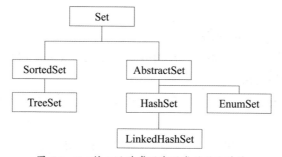

图 6-2　Set 接口及其常用实现类的层次关系

Set接口常用的实现类有：HashSet类、LinkedHashSet类、SortedSet类和TreeSet类。

### 1. HashSet类与LinkedHashSet类

（1）HashSet类是抽象类AbstractSet的子类，它实现了Set的接口，HashSet使用哈希方法存储元素，具有很好的性能。

HashSet类的构造方法有：

● **HashSet()**：创建一个空的哈希集合，装填因子（load factor）是0.75。

● **HashSet(Collection c)**：用指定的集合c的元素创建一个哈希集合。

● **HashSet(int initialCapacity)**：创建一个哈希集合，并指定集合的初始容量。

● **HashSet(int initialCapacity, float loadFactor)**：创建一个哈希集合，并指定集合的初始容量和装填因子。

（2）LinkedHashSet类是HashSet类的子类。它与HashSet的不同之处是它对所有元素维护一个双向链表，该链表定义了元素的迭代顺序，这个顺序是元素插入集合的顺序。

### 2. SortedSet接口与TreeSet类

（1）SortedSet接口是有序对象的集合，其中的元素排序规则按照元素的自然顺序排列。为了能够使元素排序，要求插入到SortedSet对象中的元素必须是相互可以比较的。

SortedSet接口中定义了以下几个方法：

- **E first()**：返回有序集合中的第1个元素。
- **E last()**：返回有序集合中最后一个元素。
- **SortedSet <E> subSet(E fromElement, E toElement)**：返回有序集合中的一个子有序集合，它的元素从fromElement开始到toElement结束（不包括最后元素）。
- **SortedSet <E> headSet(E toElement)**：返回有序集合中小于指定元素toElement的一个子有序集合。
- **SortedSet <E> tailSet(E fromElement)**：返回有序集合中大于等于fromElement元素的子有序集合。
- **Comparator<? Super E> comparator()**：返回与该有序集合相关的比较器，如果集合使用自然顺序，则返回null。

（2）TreeSet类是SortedSet接口的实现类，它使用红黑树存储元素，基于元素的值对元素排序，这种存储方式使它的操作要比HashSet类慢。

TreeSet类的构造方法有：

- **TreeSet()**：创建一个空的树集合。
- **TreeSet(Collection c)**：用指定集合c中的元素创建一个新的树集合，集合中的元素是按照元素的自然顺序排序。
- **TreeSet(Comparator c)**：创建一个空的树集合，元素的排序规则按给定的集合c的规则排序。
- **TreeSet(SortedSet s)**：用SortedSet对象s中的元素创建一个树集合，排序规则与对象s的排序规则相同。

## ■6.1.3 List接口

List接口也是Collection接口的子接口，它实现一种顺序表的数据结构，有时也称为有序列表。存放在List中的所有元素都有一个下标（从0开始），可以通过下标访问List中的元素，List中可以包含重复元素。List接口及其实现类的层次结构如图6-3所示。

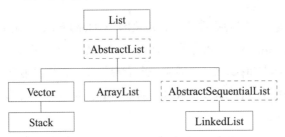

图 6-3　List 接口及其实现类的层次结构

List接口除了继承Collection的方法外，还定义了一些自己的方法，使用这些方法可以实现定位访问、查找、链式迭代和范围查看等。List接口的定义如下：

```
public interface List<E> extends Collection<E> {
    // 定位访问
    E get(int index);
    E set(int index, E element);
    boolean add(E element);
    void add(int index, E element);
    E remove(int index);
    abstract boolean addAll(int index, Collection<? extends E> c);
    // 查找
    int indexOf(Object o);
    int lastIndexOf(Object o);
    // 迭代
    ListIterator<E> listIterator();
    ListIterator<E> listIterator(int index);
    // 范围查看
    List<E> subList(int from, int to);
}
```

在集合框架中，实现了列表接口（List<E>）的是ArrayList类和LinkedList类。这两个类定义在java.util包中。ArrayList类是通过数组方式来实现的，相当于可变长度的数组。LinkedList类则是通过链表结构来实现的。由于这两个类的实现方式不同，使得相关操作方法的代价也不同。一般来说，若对一个列表结构的开始和结束处有频繁的添加和删除操作时，通常选用LinkedList类的对象表示该列表。

### 1. ArrayList类

ArrayList是最常用的实现类，它是通过数组实现的集合对象。ArrayList类实际上实现了一个变长的对象数组，其元素可以动态地增加和删除。

ArrayList的构造方法如下：

- **ArrayList()**：创建一个空的数组列表对象。
- **ArrayList(Collection c)**：用集合c中的元素创建一个数组列表对象。
- **ArrayList(int initialCapacity)**：创建一个空的数组列表对象，并指定初始容量。

### 2. LinkedList类

如果需要经常在List的头部添加元素，或在List的内部删除元素，就应该考虑使用LinkedList类。这些操作在LinkedList类中是常量时间，在ArrayList类中是线性时间。但定位访问在LinkedList类中是线性时间，而在ArrayList类中是常量时间。

LinkedList的构造方法如下：

- **LinkedList()**：创建一个空的链表。
- **LinkedList(Collection c)**：用集合c中的元素创建一个链表。

通常利用LinkedList对象表示一个堆栈（stack）或队列（queue），为此LinkedList类中特别定义了一些方法，而这些方法是ArrayList类所不具备的。这些方法用于在列表的开始和结束处添加和删除元素，其方法定义如下：

- **public void addFirst(E element)**：将指定元素插入此列表的开头。
- **public void addLast(E element)**：将指定元素添加到此列表的结尾。
- **public E removeFirst()**：移除并返回此列表的第1个元素。
- **public E removeLast()**：移除并返回此列表的最后一个元素。

## 6.2　映射

Map是一个专门用来存储键/值对对象的集合，并要求集合元素的键是唯一的，但值可以重复。

Map接口常用的实现类有HashMap类、LinkedHashMap类、TreeMap类和Hashtable类，前三个类的行为和性能与前面讨论的Set实现类HashSet、LinkedHashSet及TreeSet类似。Hashtable类是Java早期版本提供的类，经过修改实现了Map接口。Map接口及其实现类的层次关系如图6-4所示。

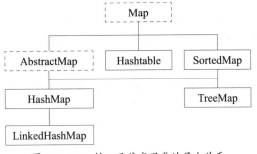

图 6-4　Map 接口及其实现类的层次关系

### ■6.2.1　Map接口

Map<K, V>定义在java.util包中，主要定义了三类操作方法：修改、查询和集合视图。

（1）修改操作：向映射中添加和删除键/值对。

- **public V put(K key,V value)**：将指定的值value与此映射中的指定键key关联。
- **public V remove(K key)**：如果存在键key的映射关系，则将其从此映射中移除。
- **public void putAll(Map<? extends K,? extends V> m)**：从指定映射中将所有映射关系复制到此映射中。

（2）查询操作：获得映射的内容。

- **public V get(k key)**：返回指定键key所映射的值；如果此映射中不包含该键的映射关系，则返回null。
- **public boolean containsKey(Object key)**：如果此映射包含指定键key的映射关系，则返回true。
- **public boolean containsValue(Object value)**：如果此映射中有一个或多个键映射到指定值value，则返回true。

（3）集合视图：将键、值或条目（"键/值"对）作为集合来处理。

- **public Collection\<V\> values()**：返回此映射中包含的值的Collection视图。
- **public Set\<K\> keySet()**：返回此映射中包含的键的Set视图。
- **public Set entrySet()**：返回此映射中包含的映射关系的Set视图。

## ■6.2.2 Map接口的实现类

Map接口常用的实现类有HashMap类、TreeMap类和Hashtable类。

### 1. HashMap类

HashMap类的构造方法有：

- **HashMap()**：创建一个空的映射对象，使用缺省的装填因子（0.75）。
- **HashMap(int initialCapacity)**：用指定的初始容量和缺省的装填因子（0.75）创建一个映射对象。
- **HashMap(int initialCapacity, float loadFactor)**：用指定的初始容量和指定的装填因子创建一个映射对象。
- **HashMap(Map t)**：用指定的映射对象创建一个新的映射对象。

### 2. TreeMap类

HashMap子类中的key都是无序存放的，如果希望有序（按key排序）存放，则可以使用TreeMap类完成。但是需要注意的是，由于TreeMap类需要按照key进行排序，而且key本身也是对象，因此对象所在的类就必须实现Comparable接口。TreeMap类继承了SortedMap接口，SortedMap接口能保证各项按关键字升序排序。TreeMap类的构造方法如下：

- **TreeMap()**：创建按键的自然顺序排序的空的映射。
- **TreeMap(Comparator c)**：根据给定的比较器创建一个空的映射。
- **TreeMap(Map m)**：用指定的映射创建一个新的映射，根据键的自然顺序排序。
- **TreeMap(SortedMap m)**：用指定的SortedMap对象创建新的TreeMap对象。

### 3. Hashtable类

Hashtable实现了一种哈希表，它是Java早期版本提供的一个存放键/值对的实现类，现在也属于集合框架。但哈希表对象是同步的，即是线程安全的。

任何非null对象都可以作为哈希表的键和值，但是要求作为键的对象必须实现hashCode()方法和equals()方法，以便使对象的比较成为可能。

一个Hashtable实例中，有两个参数会影响它的性能：一个是初始容量（initial capacity），另一个是装填因子（load factor）。

Hashtable类的构造方法有：

- **Hashtable()**：使用默认的初始容量（11）和默认的装填因子（0.75）创建一个空的哈希表。
- **Hashtable(int initialCapacity)**：使用指定的初始容量和默认的装填因子（0.75）创建一个空的哈希表。
- **Hashtable(int initialCapacity, float loadFactor)**：使用指定的初始容量和指定的装填因子创建一个空的哈希表。
- **Hashtable(Map<? extends K, ? extends V> t)**：使用给定的Map对象创建一个哈希表。

例如，创建一个包含数字的哈希表对象，使用英文数字名作为键，代码如下：

```
Hashtable numbers = new Hashtable();
numbers.put("one", new Integer(1));
numbers.put("two", new Integer(2));
numbers.put("three", new Integer(3));
```

要检索其中的数字，可以使用下面的代码：

```
Integer n = (Integer)numbers.get("two");
if (n != null) {
    System.out.println("two = " + n);
}
```

## ■6.2.3 Map集合的遍历

Map集合的遍历有多种方法，最常用的有两种：一是用Map的keySet()方法，二是用Map的entrySet()方法。

### 1. 用Map的keyset()方法实现

具体步骤：根据Map的keySet()方法来获取key的Set集合，然后遍历Map取得value的值。

使用keySet()方法遍历Map集合中的元素，代码如下：

```
import java.util.HashMap;
import java.util.Iterator;
import java.util.Map;
import java.util.Set;
public class MapOutput1 {
    public static void main(String[] args) {
```

```
    Map<String, String> all = new HashMap<String, String>();
    all.put("BJ", "BeiJing");
    all.put("NJ", "NanJing");
    all.put(null, "NULL");
    Set<String> set = all.keySet();
    Iterator< String> iter = set.iterator();
    while (iter.hasNext()) {
        String key=iter.next();
        System.out.println(key+ " --> " + all.get(key));
    }
  }
}
```

### 2. 使用Map的entrySet()方法实现获取Map中的所有元素

具体步骤：先通过Map集合的entrySet()方法得到一个Set集合，该集合里面的每一个元素都是Map.Entry的实例；再利用Set接口中提供的iterator()方法为Iterator接口实例化，通过迭代，并且利用Map.Entry接口完成key与value的分离。

使用entrySet()方法遍历Map集合中的元素，代码如下：

```
import java.util.HashMap;
import java.util.Iterator;
import java.util.Map;
import java.util.Set;
public class MapOutput {
    public static void main(String[] args) {
        Map<String, String> all = new HashMap<String, String>();
        all.put("BJ", "BeiJing");
        all.put("NJ", "NanJing");
        all.put(null, "NULL");
        Set<Map.Entry<String, String>> set = all.entrySet();
        Iterator<Map.Entry<String, String>> iter = set.iterator();
        while (iter.hasNext()) {
            Map.Entry<String, String> me = iter.next();
            System.out.println(me.getKey() + " --> " + me.getValue());
        }
    }
}
```

运行以上两个程序，输出结果是相同的，如图6-5所示。

图 6-5　两种方式遍历 Map 的结果

# 6.3　泛型

泛型是Java SE 1.5的新特性，泛型的本质是参数化类型，也就是说所操作的数据类型被指定为一个参数。这种参数类型可以用在类、接口和方法的创建中，分别称为泛型类、泛型接口、泛型方法。

泛型允许对类型抽象，最常见的例子就是容器类型，前面两节中定义的所有集合类都使用了泛型。先看以下没有使用泛型的例子：

```
List myIntList = new LinkedList();                    // 1
myIntList.add(new Integer(0));                        // 2
Integer x = (Integer) myIntList.iterator().next();    // 3
```

第3行中必须使用强制类型转换才能保证生成的对象是Integer型的。通常，程序员知道存放在特定列表中的数据类型，然而，强制类型转换还是必须的，因为编译器只能保证迭代器返回Object类型。为了保证对Integer类型的变量赋值是安全的，就需要强制类型转换。强制类型转换不仅使代码混乱，而且还可能由于程序员的错误导致运行时出错。

如果程序员能够标识集合中应该存放的数据类型，就没有必要再强制类型转换了，这就是泛型的核心。使用了泛型的代码如下：

```
List<Integer> myIntList = new LinkedList<Integer>();  // 1
myIntList.add(new Integer(0));                        // 2
Integer x = myIntList.iterator().next();              // 3
```

第1行代码中对变量myIntList的类型声明，在List的后面加上了<Integer>，它表示该List类型对象的元素必须是Integer类型，这里的List是一个带有类型参数的泛型接口。在创建对象时也需要指定类型参数，如new关键字后面的LinkedList<Integer>()。

按第1行的方式（使用泛型）声明和创建List对象后，当从List返回对象时就不需要再强制类型转换了，如上面的第3行代码。编译器在编译时可以检查程序的类型是否正确，因为编译器知道myIntList对象中存放的是Integer类型的数据，所以从myIntList中检索出的数据就没有必要再进行强制类型转换了。

# 课后练习

**练习1：**

创建一个只能容纳String对象的名为names的ArrayList集合，按顺序向集合中添加5个字符串对象："张三""李四""王五""马六"和"赵七"，并完成如下任务。

（1）对集合进行遍历，输出集合中每个元素的位置与内容。

（2）删除集合中的第3个元素，并显示被删除元素的值。

（3）删除成功之后，再次显示当前的第3个元素的内容，并输出集合中元素的个数。

**练习2：**

声明一个Student类，类中包括姓名、学号、成绩等成员变量；然后，生成5个Student对象，并存放在一个一维数组中；之后按总成绩进行排序，将排序后的对象分别保存在ArrayList和Set类型的集合中；最后遍历这两个集合并显示每个集合中的元素信息，观察元素的输出顺序是否一致。

第 **7** 章

# 异常处理

**内容概要**

Java语言通过异常处理机制来解决程序运行期间的错误，采用异常处理机制可以预防错误的程序代码或系统错误所造成的不可预期的结果发生，减少编程人员的工作，增加程序的灵活性，提升程序的可读性和健壮性。本章将详细介绍Java语言的异常处理机制，包括异常的基本概念、异常类的继承结构和异常的处理方法等。

# 7.1 认识异常

在Java中，异常（exception）是指程序在运行过程中可能出现的不正常情况或错误。它是一个事件（如除0溢出、数组越界、文件找不到等），这种事件的发生将会干扰程序的正常执行流程，并可能导致程序出现错误或崩溃。为了加强程序的健壮性，在程序设计时，必须考虑到可能发生的异常事件并做出相应的处理。

当程序在执行过程中出现错误时，一种方法是终止程序的运行，这不是一种好的方法；另一种方法是在程序中引入错误检测代码，当检测到错误时就返回一个特定的值，C语言采用的就是这种方法，但这种方法会将程序中进行正常处理的代码与错误检测代码混合在一起，使得程序变得复杂难懂，可靠性也会降低。为了分离错误处理代码和正常代码，使程序结构清晰易懂，Java提供了另一种错误检测机制——异常处理机制。Java把异常也归为对象，而且和一般的对象没什么区别，只不过异常对象必须是Throwable类及其子类所产生的对象实例。

Java的异常处理机制分为两部分：抛出异常和捕获异常。

Java程序在执行过程中，如果发生了异常事件，就会产生一个异常对象，其中包含异常事件的类型以及当异常发生时程序的运行状态等信息。异常对象可能是由正在运行的方法生成，也可能是由Java虚拟机生成，生成的异常对象被交给运行时系统，运行时系统会寻找相应的代码来处理这一异常。通常把生成异常对象并把它提交给运行时系统的过程称为抛出（throw）一个异常。

Java运行时系统寻找处理异常的代码是从生成异常的方法开始的，沿着方法的调用栈逐层回溯，直到找到包含相应异常处理的方法为止。然后，运行时系统把当前异常对象交给这个方法进行处理，这一过程称为捕获（catch）一个异常。如果查遍整个调用栈仍然没有找到合适的异常处理方法，则运行时系统将终止Java程序的执行。

### 1. 异常的分类

在Java中，异常主要分为可检查异常和运行时异常。

（1）可检查异常（checked exception）。

可检查异常是指在编译时会进行检查的异常，程序必须显式地处理它们，否则编译器会报错。可检查异常是Exception类及其子类的实例，如文件不存在、网络连接异常等。

（2）运行时异常（runtime exception）。

运行时异常也称为非检查异常（unchecked exception），这些异常在编译时不会进行强制检查，而是在程序运行时才会抛出。运行时异常是RuntimeException类及其子类的实例。运行时异常通常表示程序内部的错误或逻辑错误，如空指针引用、除以0等。

此外，还有一种错误（error）类，也是继承Throwable类的子类，但准确地说，Error不应该算是异常，它一般用来指示运行时环境发生的错误，如内存溢出、堆栈溢出等严重问题。Java程序通常不捕获错误，错误往往在Java程序处理的范畴之外。错误是Error类（及其子类）的实例。

### 2. Java异常处理机制的优点

异常在Java中是以对象的形式表示的，这些对象是由Throwable类或其子类派生而来的。在Java中通过抛出（throw）和捕获（catch）的方式来处理异常。与其他语言处理错误的方法相比，Java的异常处理机制有以下优点。

- 将错误处理代码从常规代码中分离出来。
- 从调用栈向上传递错误。
- 对错误类型和错误差异进行分组。
- 允许对错误进行修正。
- 防止程序的自动终止。

## 7.2　异常类的层次结构

所有的异常类都是从Throwable类继承而来的，它们的层次结构如图7-1所示。

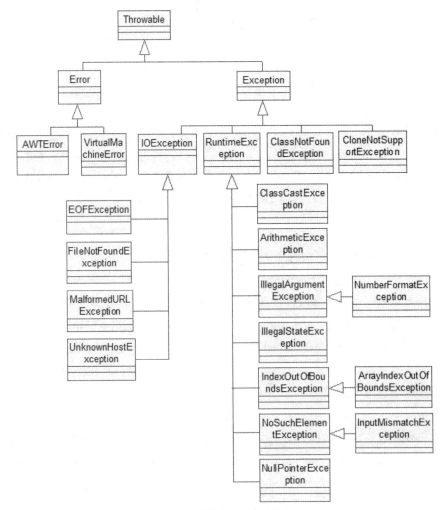

图 7-1　异常类的层次结构图

Throwable类有两个直接的子类：一个是Exception类，一个是Error类。

Exception类是应该被程序捕获的异常，如果要创建自定义异常类型，则这个自定义异常类型也应该是Exception的子类。

Exception下面又有两个分支，分别是运行时异常和其他异常。运行时异常代表运行时由Java虚拟机生成的异常，它是指Java程序在运行时发现的由Java解释器引发的各种异常，如数组下标越界异常ArrayIndexOutOfBoundsException、算术运算异常ArithmeticException等；其他异常则为非运行时异常，是指能由编译器在编译时检测是否会发生在方法的执行过程中的异常，如I/O异常IOException等，Java.lang、java.util、java.io和java.net包中定义的异常类等都是非运行时异常。

Error及其子类通常用来描述Java运行时系统的内部错误以及资源耗尽的错误，如系统崩溃、动态链接失败、虚拟机错误等，这类错误一般认为是无法恢复和不可捕获的，程序不需要处理这种异常，出现这种异常的时候应用程序会中断执行。

Java编译器要求Java程序必须捕获或声明所有的非运行时异常，如FileNotFoundException、IOException等，因为如果不对这类异常进行处理，可能会带来意想不到的后果。因此，Java编译器要求程序必须捕获或者声明这类异常。但对于运行时异常可以不做处理，因为这类异常事件的生成是很普遍的，要求程序全部对这类异常做出处理可能对程序的可读性和高效性带来不好的影响，因此Java编译器允许程序不对这类异常做出处理。常见的一些异常类如表7-1所示。

表7-1　常见的异常类列表

| 异常类名称 | 描述 |
| --- | --- |
| ArithmaticException | 数学异常，如被0除发生的异常 |
| ArrayIndexOutOfBoundsException | 数组下标越界引发的异常 |
| ArrayStoreException | 程序试图在数组中存储错误类型的数据时引发的异常 |
| ClassCastException | 类型强制转换异常 |
| IndexOutOfBoundsException | 当某对象的索引超出范围时抛出的异常 |
| NegativeArraySizeException | 建立元素个数为负数的数组时引发的异常 |
| NullPointerException | 空指针异常 |
| NumberFormatException | 字符串转换为数字异常 |
| StringIndexOutBoundsException | 程序试图访问字符串中不存在的字符位置时引发的异常 |
| OutOfMemoryException | 分配给新对象的内存太少引发的异常 |
| SocketException | 不能正常完成Socket操作引发的异常 |
| ProtocolException | 网络协议有错误引发的异常 |
| ClassNotFoundException | 未找到相应类引发的异常 |
| EOFException | 文件结束异常 |
| FileNotFoundException | 文件未找到异常 |

（续表）

| 异常类名称 | 描述 |
|---|---|
| IllegalAccessException | 访问某类被拒绝时抛出的异常 |
| InstantiationException | 试图通过newInstance()方法创建一个抽象类或抽象接口的实例时抛出的异常 |
| IOException | 输入输出异常 |
| NoSuchMethodException | 方法未找到异常 |
| SQLException | 操作数据库异常 |

下面简要介绍几个常见的运行时异常。

### 1. ArithmeticException类

该类用来描述算术异常。例如，在除法或求余运算中规定，除数不能为0，所以当除数为0时，Java虚拟机抛出该异常。示例代码如下：

```
int div=5/0; //除数为0，抛出ArithmeticException异常
```

### 2. NullPointerException类

该类用来描述空指针异常。当引用变量值为null时，试图通过"."操作符对其进行访问，将抛出该异常，例如：

```
Date now=null;              //声明一个Date型变量，但没有引用任何对象
String today=now.toString();      //抛出NullPointerException异常
```

### 3. NumberFormatException类

该类用来描述字符串转换为数字时的异常。当字符串不是数字格式时，若将其转换为数字，则抛出该异常。例如：

```
String strage="24L";
int age=Integer.parseInt(strage); //抛出NumberFormatException
```

### 4. IndexOutOfBoundsException类

该类用来描述某对象的索引超出范围时的异常，其中，ArrayIndexOutOfBoundsException类与StringIndexOutOfBoundsException类都继承自该类，它们分别用来描述数组下标越界异常和字符串索引超出范围异常。

### 5. ArrayIndexOutOfBoundsException类

```
int[] d=new int[3];         //定义数组，有3个元素d[0]、d[1]、d[2]
d[3]=10;                //对d[3]元素赋值，会抛出ArrayIndexOutOfBoundsException异常
```

### 6. ClassCastException类

该类用来描述强制类型转换时发生的异常。

例如，强制转换String型为Integer型，将抛出该异常。

```
Object obj=new String("887");        //引用型变量obj引用String型对象
Integer s=(Integer)obj;              //抛出ClassCastException异常
```

## 7.3 异常的处理方法

Java异常处理主要是通过5个关键字控制：try、catch、throw、throws和finally。

### ■7.3.1 捕获异常

为了防止和处理运行时错误，只需把要监控的代码放进try语句块中就可以了。在try语句块后，可以包括一个或多个说明希望捕获的错误类型的catch子句，具体语法格式如下：

```
try{
    ...//执行代码块
}catch(ExceptionType1 e1){
    ...//对异常类型1的处理
}catch(ExceptionType2 e2){
    ...//对异常类型2的处理
}
...
finally{
    ...
}
```

#### 1. try和catch语句

带有捕获异常功能的程序代码如下：

```
public class ExceptionHaveCatch {
    public static void main(String[] args) {
        int i = 0;
        String greetings [] = {
                "Hello world!",
                "No, I mean it!",
                "HELLO WORLD!!"
            };
        try{
```

```
        while (i < 4) {
            System. out. println (greetings[i]);
                i++;
        }
    }catch(Exception ex){
        System.out.println("捕捉异常信息!");
        ex.printStackTrace(); //获取异常信息
    }
    }
}
```

程序运行结果如图7-2所示。

图 7-2　ExceptionHaveCatch 的运行结果

可见程序在出现异常后，系统能够正常地继续运行，而没有异常终止。在程序代码中，对可能会出现错误的代码用try…catch语句进行了处理，当try代码块中的语句发生了异常，程序就会跳转到catch代码块中执行，执行完catch代码块中的程序代码后，系统会继续执行catch代码块后的其他代码，但不会执行try代码块中发生异常语句后的代码。

当try代码块中的语句发生了异常，系统就将这个异常发生的代码行号、类别等信息封装到一个对象中，并将这个对象传递给catch代码块，所以看到的catch代码块以下面的格式出现。

```
catch(Exception ex){
    ex.printStackTrace();
}
```

catch关键字后面括号中的Exception就是try代码块传递给catch代码块的变量类型，ex是变量名。

catch语句可以有多个，分别处理不同类型的异常。Java运行时系统会从上到下分别对每个catch语句处理的异常类型进行检测，直到找到类型相匹配的catch语句为止。这里，类型匹配是指catch所处理的异常类型与生成的异常对象的类型完全一致或者是它的父类，因此，catch语句的排列顺序应该是从特殊到一般。

用一个catch语句也可以处理多个异常类型，这时它的异常类型参数应该是这多个异常类型的父类。在程序设计过程中，要根据具体的情况来选择catch语句的异常处理类型。下面的例子中，使用多个catch语句捕获可能产生的多个异常。

```
public class MutiCatchFirstDemo {
    public static void main(String[] args) {
        String friends[]={"Kelly","Sandy","Jeck","Chery"};
        try{//此语句段内可能会产生两类异常
            for(int i=0;i<=4;i++)//访问数组中的元素，可能产生数组越界异常
                System.out.println(friends[i]);
            int num=friends.length/0;//进行除法运算，产生除数为0异常
        }catch(ArrayIndexOutOfBoundsException e){//先捕获数组越界异常
            e.printStackTrace();
        }catch(ArithmeticException e){//接着捕获数学异常
            e.printStackTrace();
        }
    }
}
```

运行此程序，结果如图7-3所示。

图 7-3  MutiCatchFirstDemo 的运行结果

从运行结果可以看出，ArrayIndexOutOfBoundsException异常类型的对象被捕获了，而ArithmeticException异常类型的对象没有被捕获，这是因为首先执行for循环，当执行到i变为4的时候，访问friends[4]时发生了数组下标越界异常，和第一个catch后面的异常匹配，就直接跳出try语句，所以后面除0的语句不会被执行，也就不会发生ArithmeticException异常了。如果调换一下语句的顺序，则程序的执行结果就会发生变化。

【示例7-1】多catch语句的应用演示。代码如下：

```
public class MutiCatchSecondDemo {
    public static void main(String[] args) {
        String friends[]={"Kelly","Sandy","Jeck","Chery"};
        try{
```

```
//首先进行除法运算,产生除数为0异常
int num=friends.length/0;
//接着访问数组中的元素,可能产生数组越界异常
for(int i=0;i<=4;i++)
    System.out.println(friends[i]);
}catch(ArrayIndexOutOfBoundsException e){
    e.printStackTrace();
}catch(ArithmeticException e){
    e.printStackTrace();
}
}
}
```

运行此程序,结果如图7-4所示。ArithmeticException异常类的对象被捕获了,而Array-IndexOutOfBoundsException异常类的对象没有被捕获。

图 7-4 MutiCatchSecondDemo 的运行结果

如果不能确定程序中到底会发生何种异常,那么在程序中可以不用明确地抛出那种异常,而直接使用Exception类,因为它是所有异常类的超类,所以不管发生任何类型的异常,都会和Exception匹配,也就会被捕获。如果想知道究竟发生了何种异常,可以通过向控制台输出信息来判断。使用toString()方法,可以输出具体异常信息的描述。

但是,在使用Exception类时,有一点需要注意,当使用多个catch语句时,必须把其他需要明确捕获的异常类放在Exception类之前,否则编译时会报错。因为Exception类是诸如ArithmeticException类的父类,而应用父类的catch语句将捕获该类型及其所有子类类型异常,如果子类异常在其父类后面,子类异常所在位置将永远不会到达。在Java中,不能到达的语句是一个错误,读者可以自行验证,在此不再赘述。

### 2. finally语句

try块中的代码,当执行到某一条语句抛出一个异常后,其后的代码便不会被执行了。但是在异常发生后,往往需要做一些善后处理,此时就需要使用finally语句。

finally代码块提供了一个统一的出口,无论try代码块是否抛出异常,finally代码块都要被执行。因此可以把一些善后的工作放在finally代码块中,如关闭打开的文件、数据库和网络连接等。

【示例7-2】使用finally语句进行善后处理，代码如下：

```java
public class TestFinally {
    public static void main(String args[]) {
        int i = 0;
        String greetings[] = { "ab", "cd","ef" };
        try {
            while (i < 4) {
                //特别注意循环控制变量i的设计，避免造成无限循环
                System.out.println(greetings[i++]);
            }
        }catch (ArrayIndexOutOfBoundsException e) {
            System.out.println("数组下标越界异常");
        } finally{
            System.out.println("执行finally代码块");
        }
    }
}
```

程序的运行结果如图7-5所示。

图 7-5　TestFinally 的运行结果

对执行结果进行分析可以发现，发生异常后，finally代码块依然会被执行。

### 3. try语句的嵌套

try语句可以嵌套使用。在嵌套时，一个try语句块可以放在另一个try语句块的内部。每次进入try语句块，异常的前后关系都会被推入某一个堆栈。如果内部的try语句不含特殊异常catch处理程序，堆栈将弹出，而由下一个try语句的catch处理程序来检查是否与之匹配。这个过程将继续下去，直到catch语句匹配成功，或者是直到所有的嵌套try语句被检查完。如果没有catch语句匹配，Java运行时环境将自动处理这个异常。如果在一个try块中有可能产生多个异常，那么当第一个异常被捕获后，后续的代码不会被执行，则其他异常也不能产生。为了执行try块所有的代码，捕获所有可能产生的异常，可以使用嵌套的try语句。

【示例7-3】使用嵌套的try语句捕获程序中产生的所有异常，代码如下：

```java
public class NestedTryDemo {
    public static void main(String[] args) {
        String friends[]={"Kelly","Sandy","Jeck","Chery"};
        try{
            try{
                //先捕获除数为0的异常
                int num=friends.length/0;
            }catch(ArithmeticException e){
                e.printStackTrace();
            }
            //即使发生了ArithmeticException异常，也会被执行
            for(int i=0;i<=4;i++)
                System.out.println(friends[i]);
        }catch(ArrayIndexOutOfBoundsException e){
            //捕获数组越界异常
            e.printStackTrace();
        }
    }
}
```

程序的运行结果如图7-6所示。

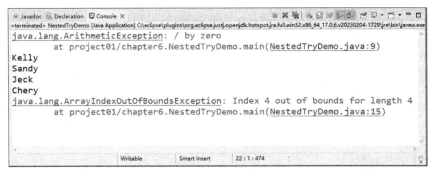

图 7-6　NestedTryDemo 的运行结果

## ■7.3.2　声明异常

在一个方法中如果产生了异常，可以选择使用try…catch…finally处理，但是有些情况下，一个方法并不需要处理它所产生的异常，或者不知道该如何处理，这时可以选择向上传递异常，由调用它的方法来处理这些异常。这种传递可以逐层向上传递，直到main()方法，这时需要使用throws子句声明异常。throws子句包含在方法的声明中，其格式如下：

returnType methodName([paramlist]) throws ExceptionList

其中，在ExceptionList中可以声明多个异常，用逗号分割。Java要求方法捕获所有可能出现的非运行时异常，或者在方法定义中通过throws子句交给调用它的方法进行处理。

【示例7-4】使用throws子句声明异常，代码如下：

```java
import java.io.*;
public class ThrowsDemo {
    //声明ArithmeticException异常，如果本方法内产生了此异常，则向上抛出
    public static int compute(int x) throws ArithmeticException{
        int z=100/x;
        return z;
    }
    public static void main(String[] args) {
        int x;
        try{
            //调用compute()方法，有可能产生异常，在此捕获并处理
            x = System.in.read();
            compute(x);
        }catch(IOException ioe){
            System.out.println("read error");
            ioe.printStackTrace();
        }catch(ArithmeticException e){
            System.out.println("devided by 0");
            e.printStackTrace();
        }
    }
}
```

运行此程序，输出结果如图7-7所示。通过printStackTrace()方法输出此异常的传递轨迹。

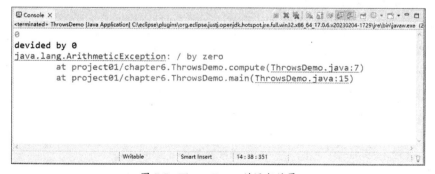

图 7-7　ThrowsDemo 的运行结果

## ■7.3.3　抛出异常

前面所介绍的异常都是由运行时环境引发的，而在实际编程过程中，可以显式抛出异常。使用throw语句可以明确抛出某个异常。throw语句的标准格式如下：

throw ExceptionInstance;

其中，ExceptionInstance必须是异常类的一个对象。简单数据类型以及非异常类都不能作为throw语句的对象。

与throws语句不同的是，throw语句用在方法体内，并且一次只能抛出一个异常类对象，而throws语句用在方法声明中，用来指明方法可能抛出的多个异常。

通过throw语句抛出异常后，如果想由上一级代码来捕获并处理异常，则同样需要在抛出异常的方法中使用throws语句在方法声明中指明要抛出的异常；如果想在当前方法中捕获并处理throw语句抛出的异常，则必须使用try…catch语句。程序执行流程在throw语句后立即停止，后面的任何语句都不执行。程序会检查最里层的try语句块，看是否有catch语句符合所发生的异常类型。如果找到符合的catch语句，程序控制就会转到那个语句；如果没有，那么将检查下一个靠近最里层的try语句，依次类推。如果找不到符合的catch语句，默认的异常处理系统将终止程序并打印出堆栈轨迹。当然，如果throw语句抛出的异常是Error、RuntimeException或它们的子类，则无须使用throws语句或try…catch语句。

例如，当输入一个学生的年龄为负数时，Java运行时系统不会认为这是错误的，而实际上这是不符合逻辑的，这时就可以通过显式抛出一个异常对象来处理。

【示例7-5】创建一个ThrowDemo类，该类的成员方法validate()首先将传过来的字符串转换为int类型，然后判断该整数是否为负，如果为负则抛出异常，然后此异常交给方法的调用者main()方法捕获并处理。代码如下：

```java
public class ThrowDemo{
    public static int validate(String initAge) throws Exception{
        int age=Integer.parseInt(initAge);        //把字符串转换为整型
        if(age<0) //如果年龄小于0
            //抛出一个Exception类型的对象
            throw new Exception("年龄不能为负数！");
        return age;
    }
    public static void main(String[] args) {
        try{
            int yourAge=validate("-30");        //调用静态的validate方法
            System.out.println(yourAge);
        }catch(Exception e){                    //捕获Exception异常
```

```
    System.out.println("发生了逻辑错误！ ");
    System.out.println("原因: "+e.getMessage());
    }
  }
}
```

运行此程序，输出结果如图7-8所示。

图 7-8 ThrowDemo 的运行结果

## ■7.3.4 自定义异常

尽管利用Java提供的异常类型已经可以描述程序中出现的大多数异常情况，但是有时候程序员还是需要自己定义一些异常类，来详细描述某些特殊情况。

自定义的异常类必须继承Exception或者其子类，然后可以通过扩充自己的成员变量或者方法，以反映更加丰富的异常信息以及对异常对象的处理功能。

在程序中自定义异常类，并使用自定义异常类，可以按照以下步骤来进行。

第一步，创建自定义异常类。

第二步，在方法中通过throw语句抛出异常对象。

第三步，若在当前抛出异常的方法中处理异常，可以使用try…catch语句捕获并处理；否则在方法的声明处通过throws语句指明要抛给方法调用者的异常。

第四步，在出现异常的方法调用代码中捕获并处理异常。

【示例7-6】在程序中要获得一个学生的成绩，此成绩必须在0到100之间，如果成绩小于0则抛出一个数据太小的异常，如果成绩大于100则抛出一个数据太大的异常。因为Java提供的异常类中不存在描述这些情况的异常，所以只能在程序中自己定义所需的异常类。代码如下：

```
public class MyExceptionDemo {
  public static void main(String[] args) {
    MyExceptionDemo med=new MyExceptionDemo();
    try{ //有可能发生TooHigh或TooLow异常
      med.getScore(105);
    }catch(TooHigh e){      //捕获TooHigh异常
      e.printStackTrace();   //打印异常发生轨迹
```

```
        //打印详细异常信息
        System.out.println(e.getMessage()+" score is:"+e.score);
    }catch(TooLow e){        //捕获TooLow异常
        e.printStackTrace();
        System.out.println(e.getMessage()+" score is:"+e.score);
    }
}
public void getScore(int x) throws TooHigh,TooLow{
    if(x>100){   //如果x>100则抛出TooHigh异常
        //创建一个TooHigh类型的对象
        TooHigh e=new TooHigh("score>100",x);
        throw e;  //抛出该异常对象
    }
    else if(x<0){  //如果x<0则抛出TooLow异常
        //创建一个TooLow类型的对象
        TooLow e=new TooLow("score<0",x);
        throw e;   //抛出该对象
    }
    else
        System.out.println("score is:"+x);
    }
}
class TooHigh extends Exception{
    int score;
    public TooHigh(String mess,int score){
        super(mess);          //调用父类的构造方法
        this.score=score;      //设置成员变量的值，保存分数值
    }
}
class TooLow extends Exception {
    int score;
    public TooLow(String mess,int score){
        super(mess);
        this.score=score;
    }
}
```

运行此程序，输出结果如图7-9所示。

图 7-9　MyExceptionDemo 的运行结果

# 课后练习

**练习1：**

编写一个能够接收两个参数的程序，并让两个参数相除。用异常处理语句处理缺少参数和除数为0的两种异常。

**练习2：**

自定义异常类SexException，并编写相关程序实现如下要求。

（1）在main()方法中输入性别。

（2）判断输入的值是否为"男"或"女"。

（3）如果输入的值不是"男"或"女"，则抛出SexException异常对象，并输出详细异常信息。

# 第 **8** 章

# 图形用户界面设计

**内容概要**

图形界面作为用户与程序交互的窗口，是软件开发中一项非常重要的工作。随着用户需求的日益提高，现在的应用软件通常要做到界面友好、功能强大而又简单易用。本章主要介绍Java图形用户界面设计的相关基础知识，包括常用的容器类和布局管理器、GUI事件处理以及事件适配器。

# 8.1 Swing概述

在Java中，为了方便图形用户界面（graphical user interface, GUI）的实现，专门设计了类库来满足各种各样的图形界面元素和用户交互事件，该类库即为抽象窗口工具箱（abstract window toolkit, AWT）。AWT是1995年随Java的发布而提出的。随着Java的发展，AWT已经不能满足用户的需求，Sun公司（Sun公司已于2009年被Oracle公司收购）于1997年JavaOne大会上提出并在1998年5月发布的JFC（Java Foundation Classes，Java基础类别）中包含了一个新的Java窗口开发包Swing。

AWT是随早期Java一起发布的，其目的是为程序员创建图形用户界面提供支持，其中不仅提供了基本的组件，还提供了丰富的事件处理接口。Swing是继AWT之后Sun公司推出的又一款GUI工具包，它是建立在AWT1.1基础上的，AWT是Swing的基石。AWT中提供的控件数量很有限，远没有Swing丰富，但是Swing的出现并不是为了替代AWT，而是提供了更丰富的开发选择。Swing中使用的事件处理机制就是AWT1.1提供的，因此，AWT和Swing是合作关系，而不是用Swing取代了AWT。

AWT组件定义在java.awt包中，而Swing组件定义在javax.swing包中。AWT和Swing包含了部分对应的组件，例如，标签和按钮，在java.awt包中分别用Label和Button表示，而在javax.swing包中则用JLabel和JButton表示，多数Swing组件以字母"J"开头。

Swing组件与AWT组件最大的不同是，Swing组件在实现时不包含任何本地代码，因此Swing组件可以不受硬件平台的限制，具有更多的功能。不包含本地代码的Swing组件被称为"轻量级（lightweight）"组件，而包含本地代码的AWT组件被称为"重量级（heavyweight）"组件。当"重量级"组件和"轻量级"组件一同使用时，如果组件区域有重叠，则"重量级"组件总是显示在上面，因此这两种组件通常不应一起使用。在Java 2平台上推荐使用Swing组件。

Swing组件与AWT相比，Swing组件显示出强大的优势，具体表现如下：

- **丰富的组件类型**。Swing提供了非常丰富的标准组件，基于它良好的可扩展性，除了标准组件，Swing还提供了大量的第三方组件。
- **更好的组件API模型支持**。Swing遵循MVC（model-view-controller，模型-视图-控制器）模式，这是一种非常成功的设计模式，它的API成熟且设计良好。经过多年的演化，Swing组件的API变得越来越强大、灵活且可扩展。
- **标准的GUI库**。Swing和AWT一样是Java运行环境（Java runtime environment,JRE）中的标准库，不需要单独将它们随应用程序一起分发。它们与平台无关，用户不用担心平台的兼容性。
- **更稳定的性能**。在Java 5.0之后它变得越来越成熟、稳定，由于它是纯Java实现的，不会有兼容性问题。Swing在每个平台上都有同样的性能，不会有明显的性能差异。

## 8.2　常用容器类

Java的图形用户界面由组件构成，如命令按钮、文本框等，这些组件都必须放到一定的容器中才能使用。容器是组件的容器，各种组件包括容器都可以通过add( )方法添加到容器中。

### ■8.2.1　顶层容器

显示在屏幕上的所有组件都必须包含在某个容器中，有些容器是可以嵌套的，在这个嵌套层次的最外层必须是一个顶层容器。Swing中提供了4种顶层容器，分别为JFrame、JApplet、JDialog和JWindow。JFrame是一个带有标题行和控制按钮（最小化、恢复/最大化、关闭）的独立窗口，创建应用程序时需要使用JFrame；创建小应用程序时使用JApplet，它被包含在浏览器窗口中；创建对话框时使用JDialog；JWindow是一个不带标题行和控制按钮的窗口，通常情况下很少使用它。

JFrame是Java Application程序的图形用户界面容器，是一个有边框的容器。JFrame类包含支持任何通用窗口特性的基本功能，如最小化窗口、移动窗口、重新设定窗口大小等。JFrame容器作为最底层容器，不能被其他容器所包含，但可以被其他容器创建并弹出成为独立的容器。JFrame类的继承关系如图8-1所示。

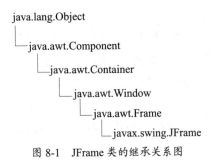

图 8-1　JFrame 类的继承关系图

JFrame类有两种常用的构造方法。

- **JFrame()**：构造一个初始时不可见的新窗体。
- **JFrame(String title)**：创建一个标题为title的JFrame对象。JFrame对象可以使用方法getTitle( )和setTitle(String)来获取和指定JFrame的标题。

创建窗体有如下两种方式：

- 直接编写代码调用JFrame类的构造器，这种方法适合使用简单窗体的情况。
- 继承JFrame类，在继承的类中编写代码对窗体进行详细刻画，这种方式适合窗体比较复杂的情况。利用继承编写符合需要的窗体是多数开发者采用的一种方式。

【示例8-1】创建一个空白的窗体框架，其标题为"欢迎使用图书管理系统"。代码如下：

```
import javax.swing.JFrame; //导入包，JFrame类在swing包中
public class MainFrame extends JFrame{
    //成员变量的声明，后续添加
```

```
    public MainFrame() {
        this.setTitle("欢迎使用图书管理系统 ");        //设置标题
        this.setVisible(true); // 或者用this.show(); 使窗口显示出来
        this.setSize(300, 150); //设置窗口大小
    }
    public static void main(String[] args) {
        new MainFrame();
    }
}
```

运行结果如图8-2所示。

图 8-2 程序运行结果

⊘ **提示：**（1）JFrame类构造器创建的窗体是不可见的，需要在代码中使用show( )方法或给出实际参数为true的setVisible(boolean)方法使其可见。（2）JFrame类构造器创建的窗体默认的尺寸为0×0 px，默认的位置坐标为[0,0]，因此开发中不仅要将窗体设置为可见的，而且还要使用setSize(int x,int y)方法设置JFrame容器的大小。

定义完窗口框架后，在加入组件之前要先得到窗口的内容窗格。每一个顶层容器（JFrame、JApplet、JDialog及JWindow）都有一个内容窗格（ContentPanel），实际上顶层容器中除菜单之外的组件都放在这个内容窗格中。要将组件放入内容窗格，可以使用以下两种方法：

● 通过顶层容器的getContentPane()方法获得其默认的内容窗格，该方法的返回类型为java.awt.Container，它仍然是一个容器，然后可以将组件添加到内容窗格中。例如：

```
Container contentPane=frame.getContentPane();
contentPane.add(button, BorderLayout.CENTER);//button为一个命令按钮
```

以上两条语句可以合并为：

```
frame.getContentPane().add(button, BorderLayout.CENTER);
```

● 通过创建一个新的内容窗格取代顶层容器默认的内容窗格。通常的做法是创建一个JPanel的实例（它是java.awt.Container的子类），然后将组件添加到JPanel实例中，再通过顶层容器的setContentPane()方法将JPanel实例设置为新的内容窗格。例如：

```
JPanel contentPane=new JPanel( );
contentPane.setLayout(new BorderLayout());//设置布局格式，JPanel默认布局为FlowLayout
```

```
contentPane. add(button, BorderLayout.CENTER);
frame.setContentPane(contentPane);//将contentPane设置为内容窗格
```

## ■8.2.2 中间容器——面板类

面板（JPanel）是一种用途广泛的容器，可以将其他控件放在面板中来组织一个子界面，面板还可以嵌套，由此可以设计出复杂的图形用户界面。但是与顶层容器不同的是，面板不能独立存在，必须被添加到其他容器内部。

JPanel是无边框的、不能被移动、放大、缩小或关闭的容器。它支持双缓冲功能，在处理动画上较少发生画面闪烁的情况。JPanel类继承自javax.swing.JComponent类，使用时首先应创建该类的对象，再设置组件在面板上的排列方式，最后将所需组件加入面板中。

JPanel类常用的构造方法如下：

● **public JPanel( )**：使用默认的FlowLayout方式创建具有双缓冲的JPanel对象。

● **public JPanel(FlowLayoutManager layout)**：在构建对象时指定布局格式。

【示例8-2】在【示例8-1】的基础上创建一个面板对象，通过add()方法在面板上添加一个命令按钮，然后将面板添加到窗口中，代码如下：

```
import java.awt.*;
import javax.swing.*;
public class MainFrame extends JFrame {
    // 成员变量的声明，后续添加
    public MainFrame() {
        this.setTitle("欢迎使用图书管理系统 ");
        Container container = this.getContentPane();        // 获取内容窗格
        container.setLayout(new BorderLayout());            // 设置内容窗格的布局
        JPanel panel = new JPanel();                        //创建一个面板对象
        panel.setBackground(Color.RED);                     //设置背景颜色
        JButton bt = new JButton("Press me");               //创建命令按钮对象，文本为提示信息
        panel.add(bt);                                      //把按钮添加到面板容器对象里
        container.add(panel, BorderLayout.SOUTH);           //添加面板到内容窗格的南部
        this.setVisible(true);                              // 或者this.show();
        this.setSize(300, 150);                             //设置窗口大小
    }
    public static void main(String[] args) {
        new MainFrame();
    }
}
```

程序运行结果如图8-3所示。

图 8-3 程序运行结果

## ■8.2.3 中间容器——滚动面板类

javax.swing包中的JScrollPane类也是Container类的子类，因此该类创建的对象也是一个容器，称为滚动窗口。可以把一个组件放到一个滚动窗口中，然后通过滚动条来观察这个组件。与JPanel创建的容器不同的是，JScrollPane带有滚动条，而且只能向滚动窗口添加一个组件。通常的作法是将一些组件添加到一个面板容器中，然后再把这个面板添加到滚动窗口中。JScrollPane类常用的构造方法如下：

- **JScrollPane( )**：创建一个空的（无视口的视图）JScrollPane，需要时水平和垂直滚动条都可显示。

- **JScrollPane(Component view)**：创建一个显示指定组件内容的JScrollPane，只要组件的内容超过视图大小就会显示水平和垂直滚动条。

- **JScrollPane(int vsbPolicy,int hsbPolicy)**：创建一个具有指定滚动条策略的空（无视口的视图）JScrollPane。可用的策略设定在setVerticalScrollBarPolicy(int)和setHorizontalScrollPolicy(int)中列出。

JScrollPane常用的成员方法可以参阅Java API，下面通过一个例子简单说明JScrollPane的使用。

【示例8-3】在窗口中放置5个命令按钮，其中前4个放置到JScrollPane容器中，放到窗格的中间区域，当窗口的大小变化时，可以通过单击滚动条浏览被隐藏的组件。代码如下：

```
import java.awt.*;
import javax.swing.*;
public class scrollPaneDemo extends JFrame {
    JPanel p;
    JScrollPane scrollpane;
    private Container container;
    public scrollPaneDemo() {
        this.setTitle("欢迎使用图书管理系统 ");        //设置标题
        container = this.getContentPane();            //获得内容窗格
        container.setLayout(new BorderLayout());      //设置内容窗格的布局
        scrollpane = new JScrollPane();               //创建JScrollPane类的对象
        scrollpane.setHorizontalScrollBarPolicy(JScrollPane.HORIZONTAL_SCROLLBAR_ALWAYS);
```

```
scrollpane.setVerticalScrollBarPolicy(JScrollPane.VERTICAL_SCROLLBAR_ALWAYS);
    p = new JPanel();
    scrollpane.setViewportView(p); // 设置视图
    p.add(new JButton("one"));          //创建并添加命令按钮到面板容器中
    p.add(new JButton("two"));
    p.add(new JButton("three"));
    p.add(new JButton("four"));
    container.add(scrollpane);          // 把面板容器添加到内容窗格中部
    container.add(new JButton("five"), BorderLayout.SOUTH);
    this.setVisible(true);
    this.setSize(300, 200);
    }
    public static void main(String[] args) {
    new scrollPaneDemo();
    }
}
```

程序运行结果如图8-4所示。

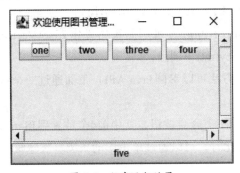

图 8-4　程序运行结果

# 8.3　布局管理器

除了顶层容器控件外，其他的控件都需要添加到容器当中，容器相当于一个仓库，而布局管理器就相当于仓库管理员，采用一定的策略来管理容器中各个控件的大小、位置等属性。通过使用不同的布局管理器，可以方便地设计出各种界面。每个容器（JPanel和顶层容器的内容窗格）都有一个默认的布局管理器，开发者也可以通过容器的setLayout( )方法改变容器的布局管理器。

Java平台提供了多种布局管理器，java.awt包中共定义了5种布局管理器（布局编辑类），分别是FlowLayout、BorderLayout、CardLayout、GridLayout和GridBagLayOut，每个布局管理器对应一种布局策略。这5种类都是java.lang.Object类的直接子类。Javax.swing包中定义了4种布局编辑类，分别是BoxLayout、ScrollPaneLayout、ViewportLayout和SpringLayout。本节将介绍几种常用的布局管理器。

## ■8.3.1 FlowLayout布局管理器

在Java中，FlowLayout类是Object类的直接子类。FlowLayout的布局策略是将采用这种布局策略的容器中的组件按照加入的先后顺序从左向右排列，当一行排满之后就转到下一行继续从左至右排列，每一行中的组件都居中排列。FlowLayout是Applet缺省使用的布局策略。

FlowLayout类定义在java.awt包中，它有以下3种构造方法：

- **FlowLayout( )**：创建一个使用居中对齐的FlowLayout实例。
- **FlowLayout(int align)**：创建一个指定对齐方式的FlowLayout实例。
- **FlowLayout(int align, int hgap, int vgap)**：创建一个既指定对齐方式又指定组件间间隔的FlowLayout类的对象。其中，对齐方式align的可取值有FlowLayout.LEFT（左对齐）、FlowLayout.RIGHT（右对齐）、FlowLayout.CENTER（居中对齐）3种形式。

例如，new FlowLayout(FlowLayout.LEFT)，创建一个使用左对齐的FlowLayout实例。还可以通过setLayout()方法直接创建FlowLayout对象并设置其布局，如setLayout(new FlowLayout(FlowLayout.RIGHT,30,50))。

【示例8-4】创建窗体框架，并以FlowLayout的布局放置4个命令按钮。代码如下：

```
import javax.swing.*;
import java.awt.*;
public class FlowLayoutDemo extends JFrame {
    private JButton button1, button2, button3, button4; //声明4个命令按钮对象
    public FlowLayoutDemo() {
        this.setTitle("欢迎使用图书管理系统 "); //设置标题
        Container container = this.getContentPane();//获得内容窗格
        //设置布局为FlowLayout，JFrame默认的布局为BorderLayout
        container.setLayout(new FlowLayout(FlowLayout.LEFT));
        button1 = new JButton("ButtonA") ;
        button2 = new JButton("ButtonB");
        button3 = new JButton("ButtonC");
        button4 = new JButton("ButtonD");
        container.add(button1);
        container.add(button2);
        container.add(button3);
        container.add(button4);
        this.setVisible(true); //使窗口显示出来
        this.setSize(300, 200); //设置窗体大小
```

```
    }
    public static void main(String[] args) {
        new FlowLayoutDemo();
    }
}
```

程序运行结果如图8-5所示。

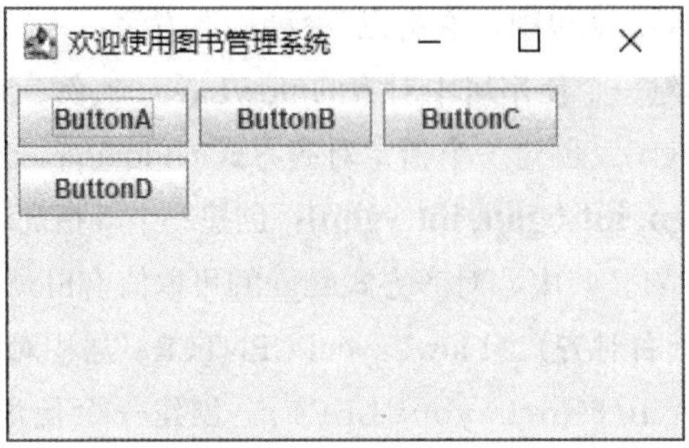

图 8-5　程序运行结果

> ❗ **提示**：如果改变窗口的大小，窗口中组件的布局也会随之改变。

# ■8.3.2　BorderLayout布局管理器

BorderLayout是顶层容器中内容窗格的默认布局管理器，它提供了一种较为复杂的组件布局管理。每个BorderLayout管理的容器被分为东、西、南、北、中五个区域，这五个区域分别用字符串常量BorderLayout.EAST、BorderLayout.WEST、BorderLayout.SOUTH、BorderLayout.NORTH、BorderLayout.CENTER表示，在容器的每个区域，可以加入一个组件，往容器内加入组件时都应该指明把它放在容器的哪个区域中。

BorderLayout类定义在java.awt包中，它有以下两种构造方法：

- **BorderLayout( )**：创建一个各组件间的水平、垂直间隔为0的BorderLayout实例。
- **BorderLayout(int hgap, int vgap)**：创建一个各组件间的水平间隔为hgap、垂直间隔为vgap的BorderLayout实例。

在BorderLayout布局管理器的管理下，组件通过add( )方法加入到容器中指定的区域，如果在add( )方法中没有指定将组件放到哪个区域，那么默认会将组件放置在Center区域。例如：

```
JFrame f=new JFrame("欢迎使用图书管理系统");
JButton bt1=new JButton("button1");
JButton bt2=new JButton("button1");
f.getContentPane( ).add(bt1, BorderLayout.NORTH) ;// 或者add(bt1, "North")
f.getContentPane( ).add(bt2);
```

以上语句实现的是：将按钮bt1放置到窗口的北部区域，将按钮bt2放置到窗口的中间区域。

在BorderLayout布局管理器的管理下，容器的每个区域只能加入一个组件，如果试图向某个区域加入多个组件，只有最后一个组件是有效的。如果希望一个区域能放置多个组件，可以在这个区域中放置一个内部容器JPanel或者JScrollPane，然后将所需的多个组件放到内部容器中，通过内部容器的嵌套构造出复杂的布局。

```
JFrame f=new JFrame("欢迎使用图书管理系统");
JButton bt1=new JButton("button1");
JButton bt2=new JButton("button1");
JPanel p=new JPanel();
p.add(bt1);
p.add(bt2);
f.getContentPane( ).add(p, BorderLayout.SOUTH); // 或者add(bt1, "south")
```

以上语句实现的是：将按钮bt1和bt2放置到窗口的南部区域。

对于东、西、南、北四个边界区域，若某个区域没有被使用，这时Center区域将会扩展并占据这个区域的位置。如果四个边界区域都没有使用，那么Center区域将会占据整个窗口。

## ■8.3.3 GridLayout布局管理器

如果界面上需要放置的组件比较多，且这些组件的大小又基本一致，如计算器、遥控器的面板，那么使用GridLayout布局管理器是最佳的选择。GridLayout是一种网格式的布局管理器，它将容器空间划分成$m \times n$的网格，每个组件按添加的顺序从左到右、从上到下占据这些网格，每个组件占据一格。

GridLayout定义在java.awt包中，它有3种构造方法，分别为：

- **GridLayout( )**：按默认（1行1列）方式创建一个GridLayout布局。
- **GridLayout(int rows，int cols)**：创建一个具有rows行、cols列的GridLayout布局。
- **GridLayout(int rows，int cols，int hgap，int vgap)**：按指定的行数rows、列数cols、水平间隔hgap和垂直间隔vgap创建一个GridLayout布局。

例如，new GridLayout(2,3)表示创建一个2行3列的布局管理器，可容纳6个组件。rows和cols中一个值可以为0，但是不能同时为0。如果rows或者cols为0，那么网格的行数或者列数将根据实际需要而定。

【示例8-5】GridLayout布局管理器的使用。代码如下：

```
import javax.swing.*;
import java.awt.*;
public class GridLayoutDemo extends JFrame {
//声明6个按钮对象
    private JButton button1, button2, button3, button4, button5, button6;
```

```
public GridLayoutDemo() {
    this.setTitle("欢迎使用图书管理系统 "); //设置标题
    Container container = this.getContentPane(); //获得内容窗格
    container.setLayout(new GridLayout(2, 3)); // 设置为2行3列的布局管理器
    button1 = new JButton("ButtonA");
    button2 = new JButton("ButtonB");
    button3 = new JButton("ButtonC");
    button4 = new JButton("ButtonD");
    button5 = new JButton("ButtonE");
    button6 = new JButton("ButtonF");
    container.add(button1);
    container.add(button2);
    container.add(button3);
    container.add(button4);
    container.add(button5);
    container.add(button6);
    this.setVisible(true);
    this.setSize(300, 200);
}
public static void main(String[] args) {
    new GridLayoutDemo();
}
}
```

运行该程序，结果如图8-6所示。

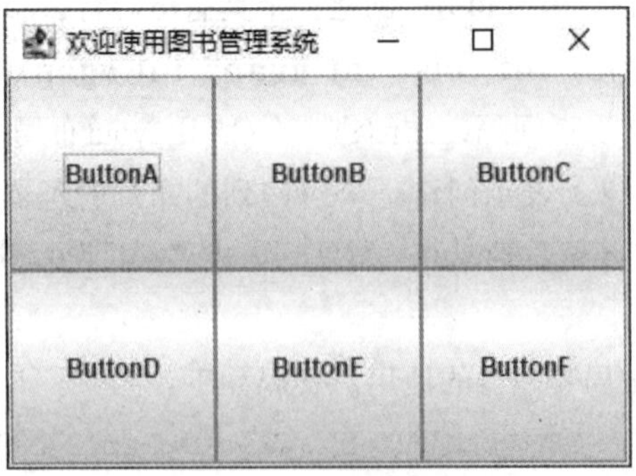

图 8-6　程序运行结果

❗ **提示**：组件放入容器中的次序决定了它占据的位置。当容器的大小发生改变时，GridLayout所管理的组件的相对位置不会发生变化，但组件的大小会随之变化。

## ■8.3.4 CardLayout布局管理器

CardLayout是定义在java.awt包中的布局管理器，它将每个组件看成一张卡片，如同扑克牌一样将组件堆叠起来，而显示在屏幕上的每次只能是最上面的一个组件，这个被显示的组件将占据所有的容器空间。用户可通过CardLayout类的常用成员方法选择使用其中的卡片。例如，使用first(Container container)方法显示container中的第1个对象，last(Container container)方法显示container中的最后一个对象，next(Container container)方法显示container中当前对象的下一个对象，previous(Container container) 方法显示container中当前对象的上一个对象。

CardLayout类有两个构造方法，分别为：

- **CardLayout( )**：使用默认方式（间隔为0）创建一个CardLayout类对象。
- **CardLayout(int hgap,int vgap)**：创建指定水平间隔为hgap、垂直间隔为vgap的CardLayout对象。

具体用法请参阅Java API文档，此处不再详细介绍。

## ■8.3.5 BoxLayout布局管理器

BoxLayout是Swing提供的布局管理器，它将容器中的组件按水平方向排成一行或者垂直方向排成一列。当组件排成一行时，每个组件可以有不同的宽度；当排成一列时，每个组件可以有不同的高度。

BoxLayout类的构造方法是BoxLayout(Container target,int axis)，其中，target是容器对象，表示要为哪个容器设置此布局管理器；axis指明target中组件的排列方式，其值可为表示水平排列的BoxLayout.X_AXIS，或为表示垂直排列的BoxLayout.Y_AXIS。

下面通过一个例子说明BoxLayout布局管理器的使用方法和特点。

【示例8-6】定义窗口使用BoxLayout的布局管理，在其中创建两个JPanel容器，一个使用水平的BoxLayout布局管理器，一个使用垂直的BoxLayout布局管理器，再向这两个JPanel容器中分别加入3个命令按钮组件，并把这两个JPanel容器添加到内容窗格的北部和中部。代码如下：

```
import javax.swing.*;
import java.awt.*;
public class BoxLayoutDemo extends JFrame {
    private JButton button1, button2, button3, button4, button5, button6;//声明6个按钮对象
    Container container;
    public BoxLayoutDemo() {
        this.setTitle("欢迎使用图书管理系统 ");//设置标题
        container = this.getContentPane(); //获取内容窗格
        container.setLayout(new BorderLayout()); //设置布局
        JPanel px = new JPanel(); //声明中间容器px并设置布局为水平的BoxLayout
        px.setLayout(new BoxLayout(px, BoxLayout.X_AXIS));
```

```
        button1 = new JButton("ButtonA");

        button2 = new JButton("ButtonB");

        button3 = new JButton("ButtonC");

        px.add(button1); //把按钮放到中间容器px中

        px.add(button2);

        px.add(button3);

        container.add(px, BorderLayout.NORTH);//把中间容器放置到北部区域

        JPanel py = new JPanel();//声明中间容器py并设置布局为垂直的BoxLayout

        py.setLayout(new BoxLayout(py, BoxLayout.Y_AXIS));

        button4 = new JButton("ButtonD");

        button5 = new JButton("ButtonE");

        button6 = new JButton("ButtonF");

        py.add(button4); //把按钮放到中间容器中

        py.add(button5);

        py.add(button6);

        container.add(py, BorderLayout.CENTER); //把中间容器放置到中间区域

        this.setVisible(true); //显示窗口

        this.setSize(300, 250);//设置窗口大小

    }

    public static void main(String[] args) {

        new BoxLayoutDemo();

    }

}
```

运行程序，结果如图8-7所示。

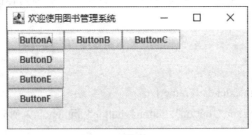

图 8-7　程序运行结果

在javax.swing包中定义了一个专门使用BoxLayout布局管理器的特殊容器Box类。由于BoxLayout是以水平或垂直方式排列的，因此，当要创建一个Box容器时，就必须指定Box容器中组件的排列方式（水平或者垂直）。Box的构造函数为Box(int axis)，其中，参数axis的取值为表示水平排列的BoxLayout.X_AXIS或垂直排列的BoxLayout.Y_AXIS。除使用构造函数创建Box类的实例外，还可以使用Box类提供的两个静态方法创建Box类的实例。两个静态方法如下：

```
public static Box creatHorizontalBox( )
public static Box creatVerticalBox( )
```

前者创建的Box对象使用水平方向的BoxLayout，后者创建的Box对象使用垂直方向的BoxLayout。

除了前面介绍的5种常用布局管理器外，Java还有其他的布局管理器，如GridBagLayout、GroupLayout、SpringLayout等，如果需要使用，可参阅Java API文档。

## 8.4　GUI事件处理

设计和实现图形用户界面的工作主要有两个：一是创建组成界面的各种成分和元素，指定它们的属性和位置关系，构成完整的图形用户界面的物理外观；二是定义图形用户界面的事件和各界面元素对不同事件的响应，从而实现图形用户界面与用户的交互功能。图形用户界面的事件驱动机制是指根据产生的事件来决定执行的相应程序段。

### ■8.4.1　事件处理模型

Java采用委托事件模型来处理事件。委托事件模型的特点是将事件的处理委托给独立的对象，而不是组件本身，从而将使用者界面与程序逻辑分开。委托事件模型由产生事件的对象（事件源）、事件对象及监听者对象之间的关系组成。

每当用户在组件上进行某种操作时，事件处理系统便会将与该事件相关的信息封装在一个"事件对象"中。例如，用户用鼠标单击命令按钮时便会生成一个代表此事件的ActionEvent事件类对象。用户操作不同，事件类对象也会不同。然后将该事件对象传递给监听者对象，监听者对象根据该事件对象内的信息决定适当的处理方式。每类事件对应一个监听程序接口，它规定了接收并处理该类事件的方法的规范。如ActionEvent事件，就对应ActionListener接口，该接口中只有一个方法actionPerformed()，当出现ActionEvent事件时，该方法将会被调用。

为了接收并处理某类用户事件，必须在程序代码中向产生事件的对象注册相应的事件处理程序，即事件的监听程序（Listener），它是实现了对应监听程序接口的一个类。当事件产生时，产生事件的对象就会主动通知监听者对象，监听者对象就可以根据产生该事件的对象来决定处理事件的方法。例如，为了处理命令按钮上的ActionEvent事件，需要定义一个实现ActionListener接口的监听程序类。每个组件都有若干个形如add×××Listener(×××Listener )的方法，通过这类方法，可以为组件注册事件监听程序。例如，在JButton类中有一个方法：public void addAcitonListener(AcitonListener 1)，该方法可以为JButton组件注册ActionEvent事件监听程序，方法的参数应该是一个实现了ActionListener接口的类的实例。图8-8显示了事件的处理过程。

事件源注册
对象名 addxxxListener( 监听者对象 )

xxxEvent 事件

注册监听者

事件监听者
实现 xxxListner 接口的监听程序类

图 8-8　事件处理过程示意图

【示例8-7】事件处理演示程序。

首先在窗口界面放置一个命令按钮，然后为该命令按钮注册一个ButtonEventHandle对象作为ActionEvent事件的监听程序，该监听者类实现了ActionEvent事件对应的ActionListener接口，在该类的actionPerformed()方法中给出了如何处理ActionEvent事件。当用户单击命令按钮时，ActionEvent事件被触发，该方法被调用。

```java
import java.awt.*;
import javax.swing.*;
import java.awt.event.*; //ActionListener接口和事件类位于event包中，须导入该包
public class TestEvent extends JFrame {
    private JButton button1;
    private Container container;
    public TestEvent() {
        this.setTitle("欢迎使用图书管理系统 ");
        container = this.getContentPane();
        container.setLayout(new FlowLayout());
        button1 = new JButton("测试事件");
        button1.addActionListener(new ButtonEventHandle());
        container.add(button1); //把命令按钮添加到内容窗格上
        this.setVisible(true);
        this.setSize(300, 400);
    }
    class ButtonEventHandle implements ActionListener {
        //ActionListener接口中方法的实现，当触发ActionEvent事件时，执行该方法中的代码
        public void actionPerformed(ActionEvent e) {
            System.out.println("命令按钮被单击");
        }
    }
    public static void main(String[] args) {
```

```
    new TestEvent();
  }
}
```

❗ **提示**：该程序实现的功能为：当用户单击命令按钮时会在屏幕上显示字符串"命令按钮被单击"的提示信息。本例的事件监听程序定义在内部类中，除此之外，事件监听程序也可以定义在一个匿名内部类中或者定义在组件所在类中。

当单击命令按钮时关闭窗口，结束程序执行。代码如下：

```java
import java.awt.*;
import javax.swing.*;
import java.awt.event.*;
public class TestEvent2 extends JFrame implements ActionListener{
//组件所在类作为事件监听程序类，该类必须实现事件对应的ActionListener接口
    private JButton button1;
    private Container container;
    public TestEvent2() {
        this.setTitle("欢迎使用图书管理系统 ");
        container = this.getContentPane();
        container.setLayout(new FlowLayout());
        button1 = new JButton("退出"); // 创建命令按钮组件对象
        button1.addActionListener(this);
        container.add(button1);
        this.show(true);
        this.setSize(300, 400);
    }
        public void actionPerformed(ActionEvent e) {
        System.exit(0);
    }
    public static void main(String[] args) {
        new TestEvent2();
    }
}
```

❗ **提示**：本例注册事件源的监听者对象为this，要求该类必须实现ActionListener接口。当用户单击命令按钮时触发ActionEvent事件，事件监听者对该事件进行处理，执行actionPerformed()方法中的代码，该例实现的功能为：单击命令按钮时关闭窗口，结束程序的运行。

事件监听者与事件源之间是多对多的关系，即一个事件监听者可以为多个事件源服务。同样，一个事件源也可以有多个不同类型的监听者。

## ■8.4.2 事件及监听者

前面介绍了图形用户界面中事件处理的一般机制，其中只涉及了ActionEvent事件类。因为不同事件源上发生的事件种类不同，不同的事件由不同的监听者来处理，所以在java.awt.event包和javax.swing.event包中还定义了很多其他事件类。每个事件类都有一个对应的接口，接口中声明了若干个抽象的事件处理方法，事件的监听程序类需要实现相应的接口。

### 1. AWT中的常用事件类及其监听者

java.util.EventObject类是所有事件对象的基础父类，所有事件都是由它派生出来的。AWT的相关事件继承于java.awt.AWTEvent类，这些AWT事件分为两大类：低级事件和高级事件。

低级事件是指基于组件和容器的事件，如鼠标的进入、单击、拖放等，或者组件的窗口打开、关闭等，都会触发组件事件。低级事件主要包括ComponentEvent、ContainerEvent、WindowEvent、FocusEvent、KeyEvent、MouseEvent等。

高级事件是基于语义的事件，它可以不和特定的动作相关联，而是依赖于触发此事件的类，如在TextField中按【Enter】键会触发ActionEvent事件，滑动滚动条会触发AdjustmentEvent事件，或是选中项目列表的某一条就会触发ItemEvent事件。高级事件主要包括ActionEvent、AdjustmentEvent、ItemEvent、TextEvent等。

表8-1列出了常用的AWT事件及其相应的监听器接口，共10类事件，11个接口。

表8-1　常用的 AWT 事件及其相应的监听器接口

| 事件类别 | 描述信息 | 接口名 | 方法 |
|---|---|---|---|
| ActionEvent | 激活组件 | ActionListener | actionPerformed(ActionEvent e) |
| ItemEvent | 选择某些项目 | ItemListener | itemStateChanged(ItemEvent e) |
| MouseEvent | 鼠标移动 | MouseMotionListener | mouseDragged(MouseEvent e)<br>mouseMoved(MouseEvent e) |
| | 鼠标按下、释放、进入、退出、单击等 | MouseListener | mousePressed(MouseEvent e)<br>mouseReleased(MouseEvent e)<br>mouseEntered(MouseEvent e)<br>mouseExited(MouseEvent e)<br>mouseClicked(MouseEvent e) |
| KeyEvent | 键盘输入 | KeyListener | keyPressed(KeyEvent e)<br>keyReleased(KeyEvent e)<br>keyTyped(KeyEvent e) |
| FocusEvent | 组件收到或失去焦点 | FocusListener | focusGained(FocusEvent e)<br>focusLost(FocusEvent e) |
| AdjustmentEvent | 移动滚动条等组件 | AdjustmentListener | adjustmentValueChanged(Adjustment-Event e) |

（续表）

| 事件类别 | 描述信息 | 接口名 | 方法 |
|---|---|---|---|
| ComponentEvent | 对象移动、缩放、显示、隐藏等 | ComponentListener | componentMoved(ComponentEvent e)<br>componentResized(ComponentEvent e)<br>componentShown(ComponentEvent e)<br>componentHidden(ComponentEvent e) |
| WindowEvent | 窗口收到窗口级事件（窗口正在关闭、关闭、打开、图标化、激活等） | WindowListener | windowClosing(WindowEvent e)<br>windowClosed(WindowEvent e)<br>windowOpened(WindowEvent e)<br>windowIconified(WindowEvent e)<br>windowDeiconified(WindowEvent e)<br>windowActivated(WindowEvent e)<br>windowDeactivated(WindowEvent e) |
| ContainerEvent | 容器中增加、删除组件 | ContainerListener | componentAdded(ContainerEvent e)<br>componentRemoved(ContainerEvent e) |
| TextEvent | 文本字段或文本区发生改变 | TextListener | textValueChanged(TextEvent e) |

### 2. Swing中的常用事件类及其监听者

Swing并不是用来取代原有的AWT的，使用Swing组件时，对于比较低层的事件只需使用AWT包提供的处理方法对事件进行处理即可。在javax.swing.event包中也定义了一些事件类，包括AncestorEvent、CaretEvent、ChangeEvent 、DocumentEvent等。表8-2列出了常用的Swing事件及其相应的监听器接口。

**表8-2 常用的Swing事件及其相应的监听器接口**

| 事件类别 | 描述信息 | 接口名 | 方法 |
|---|---|---|---|
| AncestorEvent | 报告给子组件 | AncestorListener | ancestorAdded(AncestorEvent e)<br>ancestorRemoved(AncestorEvent e)<br>ancestorMoved(AncestorEvent e) |
| CaretEvent | 文本插入符已发生更改 | CaretListener | caretUpdate(CaretEvent e) |
| ChangeEvent | 事件源的状态发生更改 | ChangeListener | stateChanged(ChangeEvent e) |
| DocumentEvent | 文档更改 | DocumentListener | insertUpdate(DocumentEvent e)<br>removeUpdate(DocumentEvent e)<br>changedUpdate(DocumentEvent e) |
| UndoableEditEvent | 撤销操作 | UndoableEditListener | undoableEditHappened(UndoableEditEvent e) |
| ListSelectionEvent | 选择值发生更改 | ListSelectionListener | valueChanged(ListSelectionEvent e) |

（续表）

| 事件类别 | 描述信息 | 接口名 | 方法 |
|---|---|---|---|
| ListDataEvent | 列表内容更改 | ListDataListener | intervalAdded(ListDataEvent e)<br>contentsChanged(ListDataEvent e)<br>intervalRemoved(ListDataEvent e) |
| TableModelEvent | 表模型发生更改 | TableModelListener | tableChanged(TableModelEvent e) |
| MenuEvent | 菜单事件 | MenuListener | menuSelected(MenuEvent e)<br>menuDeselected(MenuEvent e)<br>menuCanceled(MenuEvent e) |
| TreeExpansionEvent | 树扩展或折叠某一节点 | TreeExpansionListener | treeExpanded(TreeExpansionEvent e)<br>treeCollapsed(TreeExpansionEvent e) |
| TreeModelEvent | 树模型更改 | TreeModelListener | treeNodesChanged(TreeModelEvent e)<br>treeNodesInserted(TreeModelEvent e)<br>treeNodesRemoved(TreeModelEvent e)<br>treeStructureChanged(TreeModelEvent e) |
| TreeSelectionEvent | 树模型选择发生更改 | TreeSelectionListener | valueChanged(TreeSelectionEvent e) |

所有的事件类都继承自EventObject类，在该类中定义了一个重要的方法getSource()，该方法的功能是从事件对象获取触发该事件的事件源，为编写事件处理的代码提供方便，其接口为public Object getSource( )，无论事件源是何种具体类型，返回的都是Object类型的引用。因此，开发人员需要自己编写代码进行引用的强制类型转换。

AWT组件类和Swing组件类都提供注册和注销监听器的方法，注册监听器的方法为public void add×××Listener (<ListenerType> listener)；如果不需要对该事件监听处理，可以把事件源的监听器注销，注销监听器的方法为public void remove×××Listener (<ListenerType> listener)。

## ■8.4.3　窗口事件

大部分GUI应用程序都需要使用窗体作为最外层的容器，可以说窗体是组建GUI应用程序的基础，应用中需要使用的其他控件都是直接或间接放在窗体中的。

如果窗体关闭时需要执行自定义的代码，可以利用窗口事件WindowEvent来对窗体进行操作，包括关闭窗体、使窗体失去焦点、获得焦点、窗体最小化等。WindowsEvent类包含的窗口事件见表8-1。

WindowEvent类的主要方法有getWindow( )和getSource( )，两个方法的区别是：getWindow( )方法返回引发当前WindowEvent事件的具体窗口，返回值是具体的Window对象；getSource( )方法返回的是相同的事件引用，其返回值的类型为Object。

下面通过一个例子说明窗口事件的使用。

【示例8-8】创建两个窗口，之后对窗口事件进行测试，根据对窗口的不同操作在屏幕上显示对应的提示信息。代码如下：

```java
import java.awt.*;
import javax.swing.*;
import javax.swing.JFrame;
import java.awt.event.*; //WindowEvent在该包中
public class windowEventDemo {
    JFrame f1, f2;
    public static void main(String[] arg) {
        new windowEventDemo();
    }
    public windowEventDemo() {
        f1 = new JFrame("这是第1个窗口事件测试窗口"); //创建JFrame对象
        f2 = new JFrame("这是第2个窗口事件测试窗口");
        Container cp = f1.getContentPane(); //创建JFrame的容器对象, 获得ContentPane
        f1.setSize(200, 250); //设置窗口大小
        f2.setSize(200, 250);
        f1.setVisible(true); //设置窗口为可见
        f2. setVisible(true);
        f1.addWindowListener(new WinLis());
        f2.addWindowListener(new WinLis());
    }
class WinLis implements WindowListener{
    public void windowOpened(WindowEvent e) {//窗口打开时调用
        System.out.println("窗口被打开");
    }
    public void windowActivated(WindowEvent e) { //将窗口设置成活动窗口
    }
    public void windowDeactivated(WindowEvent e) { //将窗口设置成非活动窗口
        if (e.getSource() == f1)
            System.out.println("第1个窗口失去焦点");
        else
            System.out.println("第2个窗口失去焦点");
    }
    public void windowClosing(WindowEvent e) {//窗口关闭
        System.exit(0);
    }
    public void windowIconified(WindowEvent e) { //窗口图标化时调用
        if (e.getSource() == f1)
```

```
        System.out.println("第1个窗口被最小化");
    else
        System.out.println("第2个窗口被最小化");
    }
    public void windowDeiconified(WindowEvent e) {
    }//窗口非图标化时调用
    public void windowClosed(WindowEvent e) {
    }//窗口关闭时调用
    }
}
```

> ⓘ 提示：接口中有多个抽象方法时，如果某个方法不需要处理，也要以空方法体的形式给出方法的实现。

# 8.5　事件适配器

　　从8.4.3节窗口事件的示例中可以看出，为了进行事件处理需要创建实现对应接口的类，而在这些接口中往往声明了很多抽象方法，为了实现这些接口需要给出所有这些方法的实现。如WindowListener接口中定义了7个抽象方法，在实现接口的类中必须同时实现这7个方法。然而，在某些情况下，用户往往只关心其中的某一个或者某几个方法，为了简化编程，引入了适配器（Adapter）类。具有两个以上方法的监听器接口均对应一个XXXAdapter类，该类提供了接口中每个方法的缺省实现。在实际开发中，编写监听器代码时不必再直接实现监听接口，而是继承适配器类并重写需要的事件处理方法，这样就避免了编写大量不必要的代码。表8-3显示了一些常用的适配器类。

表8-3　Java中常用的适配器类

| 适配器类 | 实现的接口 |
| --- | --- |
| ComponentAdapter | ComponentListener, EventListener |
| ContainerAdapter | ContainerListener, EventListener |
| FocusAdapter | FocusListener, EventListener |
| KeyAdapter | KeyListener, EventListener |
| MouseAdapter | MouseListener, EventListener |
| MouseMotionAdapter | MouseMotionListener, EventListener |
| WindowAdapter | WindowFocusListener,WindowListener,WindowStateListener, EventListener |

　　表中所给的适配器类都在java.awt.event包中，但Java是单继承，一个类继承了适配器类就不能再继承其他类了。因此在使用适配器开发监听程序时，经常使用匿名类或内部类来实现。适配器类通常会结合键盘事件、鼠标事件或窗口事件来使用。

## ■8.5.1 键盘事件

键盘操作是最常用的用户交互方式，Java提供了KeyEvent类来捕获键盘事件，处理KeyEvent事件的监听者对象可以是实现KeyListener接口的类，也可以是继承KeyAdapter类的子类。在KeyListener接口中有如下3个事件：

- **public void keyPressed(KeyEvent e)**：代表键盘按键被按下的事件。
- **public void keyReleased(KeyEvent e)**：代表键盘按键被放开的事件。
- **public void keyTyped(KeyEvent e)**：代表按键被敲击的事件。

KeyEvent类中的常用方法有：

- **char getKeyChar()**：返回引发键盘事件的按键对应的Unicode字符。如果这个按键没有Unicode字符与之对应，则返回KeyEvent类的一个静态常量KeyEvent.CHAR-UNDEFINED。
- **String getKeyText()**：返回引发键盘事件的按键的文本内容。
- **int getKeyCode()**：返回与此事件中的键相关联的整数keyCode。

【示例8-9】把键盘上所敲击的键的键符显示在窗口中，当按下【Esc】键时退出程序的执行。代码如下：

```
import java.awt.*;
import javax.swing.*;
import java.awt.event.*;
public class KeyEventDemo extends JFrame {
    private JLabel showInf;                        //声明标签对象，用于显示提示信息
    private Container container;
    public KeyEventDemo() {
        container = this.getContentPane();         //获取内容窗格
        container.setLayout(new BorderLayout());   //设置布局管理器
        showInf = new JLabel();                    //创建标签对象，初始没有任何提示信息
        container.add(showInf, BorderLayout.NORTH); //把标签放到内容窗格的北部区域
        this.addKeyListener(new keyLis());         //注册键盘事件监听程序keyLis()为内部类
        this.addWindowListener(new WindowAdapter() { //匿名内部类开始
            public void windowClosing(WindowEvent e) {
                System.exit(0);
            } //窗口关闭
        });//匿名内部类结束
        this.setSize(300, 200); //设置窗口大小
        this.setVisible(true); //设置窗口为可见
    }
    class keyLis extends KeyAdapter { //内部类开始
```

```
    public void keyTyped(KeyEvent e) {
        char c = e.getKeyChar();                     //获取键盘键入的字符
        showInf.setText("你按下的键盘键是" + c + "");   //设置标签上的显示信息
    }
    public void keyPressed(KeyEvent e) {
        if (e.getKeyCode() == 27)                      //如果按下【Esc】键就退出程序的执行
            System.exit(0);
    }
} //内部类结束
public static void main(String[] arg) {
    new KeyEventDemo();
}
}
```

程序运行结果如图8-9所示。

你按下的键盘键是d

图 8-9　程序运行结果

---

❶ **提示**：本窗口对键盘事件进行处理，采用的是内部类keyLis作为键盘事件的监听程序，该类是KeyAdapter类的子类，只对键盘按下和键盘敲击两种事件给出处理。对窗口事件所进行的处理，由于windowListener接口中有7类事件，但这里只需要对窗口关闭事件进行处理即可，因此采用的是匿名内部类作为窗口事件的监听器。该例中在主窗口注册了多个不同类型的监听者，从而实现了对不同类型的事件进行处理的功能。

---

## ■8.5.2 鼠标事件

在图形用户界面中，鼠标主要用来进行选择、切换或绘画。当用户用鼠标进行交互操作时，会产生鼠标事件MouseEvent。所有的组件都可以产生鼠标事件，可以通过实现MouseListener接口和MouseMotionListener接口的类，或者是继承MouseAdapter的子类来处理相应的鼠标事件。

与Mouse有关的事件可分为两类：一类是MouseListener接口，另一类是MouseMotionListener接口。

MouseListener接口主要针对鼠标的按键与位置做检测，共提供如下5个事件的处理方法。

● **public void mouseClicked(MouseEvent e)**：代表鼠标单击事件。

● **public void mouseEntered(MouseEvent e)**：代表鼠标进入事件。

● **public void mousePressed(MouseEvent e)**：代表鼠标按下事件。

- **public void mouseReleased(MouseEvent e)**：代表鼠标释放事件。
- **public void mouseExited(MouseEvent e)**：代表鼠标离开事件。

MouseMotionListener接口主要针对鼠标的坐标与拖动操作做处理，处理方法有：

- **public void mouseDragged(MouseEvent e)**：代表鼠标拖动事件。
- **public void mouseMoved(MouseEvent e)**：代表鼠标移动事件。

MouseEvent类还提供了获取发生鼠标事件坐标及单击次数的成员方法，MouseEvent类中的常用方法有：

- **Point getPoint()**：返回Point对象，包含鼠标事件发生的坐标点。
- **int getClickCount()**：返回与此事件关联的鼠标单击次数。
- **int getX()**：返回鼠标事件发生的x坐标。
- **int getY()**：返回鼠标事件发生的y坐标。
- **int getButton()**：返回哪个鼠标按键更改了状态。

【示例8-10】用程序实现检测鼠标所在位置的坐标并在窗口的文本框中显示出来，同时还显示鼠标的按键操作和对其位置做检测。代码如下：

```
import java.awt.*;
import javax.swing.*;
import java.awt.event.*;
public class MouseEventDemo extends JFrame implements MouseListener {
    private JLabel showX, showY, showSatus; //显示提示信息的标签
    private JTextField t1, t2; //用于显示鼠标x、y坐标的文本框
    private Container container;
    public MouseEventDemo() {
        container = this.getContentPane();//获取内容窗格
        container.setLayout(new FlowLayout()); //设置布局格式
        showX = new JLabel("X坐标");// 创建标签对象，字符串为提示信息
        showY = new JLabel("Y坐标");// 创建标签对象，字符串为提示信息
        showSatus = new JLabel();// 创建标签对象，初始为空，用于显示鼠标的状态信息
        t1 = new JTextField(10);
        t2 = new JTextField(10);
        container.add(showX);
        container.add(t1);
        container.add(showY);
        container.add(t2);
        container.add(showSatus);
        this.addMouseListener(this);
        this.addMouseMotionListener(new mouseMotionLis());
        this.addWindowListener(new WindowAdapter() {// 匿名内部类开始
```

```java
        public void windowClosing(WindowEvent e) {
            System.exit(0);
        } // 窗口关闭
    });// 匿名内部类结束
    this.setSize(400, 200); //设置窗口大小
    this.setVisible(true); //设置窗口可见
}
class mouseMotionLis extends MouseMotionAdapter {
    public void mouseMoved(MouseEvent e) {
        int x = e.getX(); // 获取鼠标的 x 坐标
        int y = e.getY(); // 获取鼠标的 y 坐标
        t1.setText(String.valueOf(x)); // 设置文本框的提示信息
            t2.setText(String.valueOf(y));
    }
    public void mouseDragged(MouseEvent e) {
        showSatus.setText("拖动鼠标"); // 设置标签的提示信息
    }
} //内部类结束
public void mouseClicked(MouseEvent e) {
    showSatus.setText("单击鼠标" + e.getClickCount() + "次");
} // 获取鼠标单击次数
public void mousePressed(MouseEvent e) {
    showSatus.setText("鼠标按钮按下");
}
public void mouseEntered(MouseEvent e) {
    showSatus.setText("鼠标进入窗口");
}
public void mouseExited(MouseEvent e) {
    showSatus.setText("鼠标不在窗口");
}
public void mouseReleased(MouseEvent e) {
    showSatus.setText("鼠标按钮松开");
}
public static void main(String[] arg) {
    new MouseEventDemo();// 创建窗口对象
}
}
```

程序运行结果如图8-10所示。

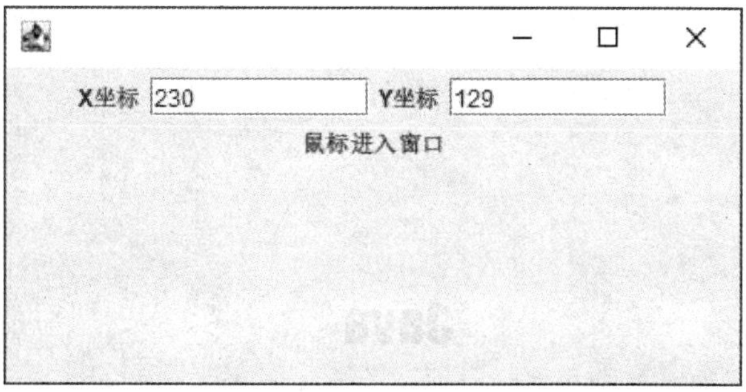

图 8-10 程序运行结果

**提示**：本程序检测鼠标的拖动以及进入和离开窗口的情况，并在窗口上显示出来。程序中为一个组件注册了多个监听程序：对于MoseEvent事件，采用以组件所在的类实现接口的方式作为事件的监听者；对于鼠标的移动和拖动事件，采用内部类继承适配器的方式来实现；对于关闭窗口事件，采用匿名类来处理。

# 课后练习

**练习1**：

创建一个标题为"欢迎使用图书管理系统"的窗口，窗口的背景颜色为蓝色，并在其中添加一个"退出"命令按钮。

**练习2**：

创建一个JFrame窗口，其中包含两个按钮，一个负责"体育之窗"的打开和关闭，一个负责"音乐之窗"的打开和关闭。当负责"体育之窗"的按钮上的文字为"打开体育之窗"时，单击该按钮，"体育之窗"打开，同时按钮上的文字改为"关闭体育之窗"，这时再单击此按钮，"体育之窗"关闭，按钮上的文字又改为"打开体育之窗"。"音乐之窗"按钮也做类似的处理。

**练习3**：

创建一个窗体，其中包含一个"单击"按钮，当用鼠标单击该按钮时，窗体的背景色变为红色。

# 第 9 章

# Java输入/输出

## 内容概要

Java以流的形式处理所有的输入和输出。流是随通信路径从源端移动到目的端的字节序列。本章将介绍Java中输入和输出的基本概念，包括基本的字节流、字符流、文件的读写、序列化和对象流等知识。

# 9.1 Java输入/输出基础

流是解决输入/输出的一种运行机制，Java中提供了丰富的访问流的类和接口。

## ■9.1.1 流的概念

流（stream）的概念源于UNIX中管道（pipe）的概念。在UNIX中，管道是一条不间断的字节流，用来实现程序或进程间的通信，或读写外围设备、外部文件等。

一个流，必须有源端和目的端，它们可以是计算机内存的某些区域，也可以是磁盘文件，还可以是键盘、显示器等物理设备，甚至可以是因特网上的某个URL（uniform resource locator，统一资源定位符）地址。数据有两个传输方向，实现数据从外部源到程序的流称为输入流，通过输入流可以把外部的数据传送到程序中来处理，如图9-1所示；实现数据从程序到外部目的端的流叫作输出流，通过输出流可以把程序处理的结果数据传送到目标设备，如图9-2所示。

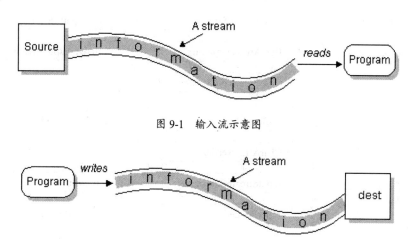

图 9-1 输入流示意图

图 9-2 输出流示意图

## ■9.1.2 Java中流类的层次结构

Java中的流类都处于java.io包或java.nio包中。java.nio包是从JDK 1.4版本之后开始引用的类库。

Java中流的分类如下：

- 按数据传送的方向分，可分为输入流和输出流。
- 按数据处理传输的单位分，可分为字节流和字符流。

这4种流分别由4个抽象类来表示：InputStream（字节输入流）、OutputStream（字节输出流）、Reader（字符输入流）和Writer（字符输出流）。这4个类的基类都是Object类，Java中其他多种多样变化的流类均是由它们派生出来的。流类的派生结构如图9-3所示。

Java语言程序设计

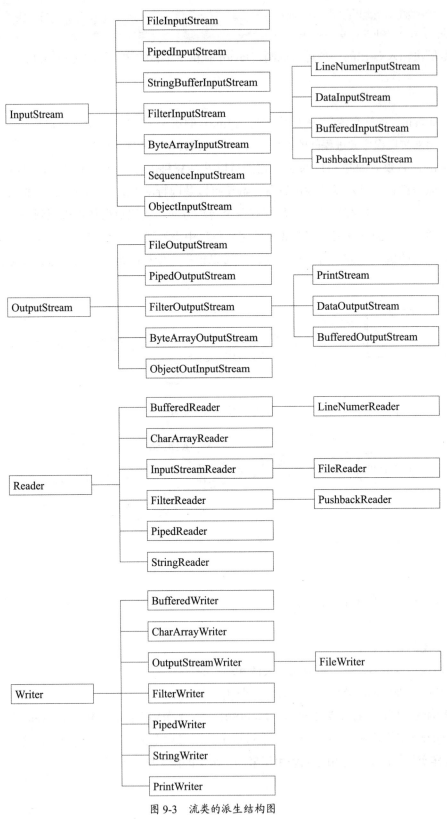

图 9-3 流类的派生结构图

其中，InputStream和OutputStream在早期的Java版本中就已经存在了，它们是基于字节流的，所以有时候也把InputStream和OutputStream直接称为输入流和输出流。基于字符流的Reader和Writer是后来加入作为补充的，可以直接使用它们的英文类名。图9-3的结构图是Java类库中I/O类的一个基本的层次体系。

## ■9.1.3 预定义流

Java程序在运行时会自动导入一个java.lang包，这个包定义了一个名为System的类，该类封装了运行环境的多个方面，它同时包含3个预定义的流变量：in、out和err。这些成员在System中被定义为public和static类型，即意味着它们可以不使用特定的System对象而直接被用于程序的特定地方。

System.in对应键盘，表示标准输入流。它是InputStream类型的，程序使用System.in可以读取从键盘上输入的数据。

System.out对应显示器，表示标准输出流。它是PrintStream类型的，PrintStream是OutputStream类的一个子类，程序使用System.out可以将数据输出到显示器上。

System.err表示标准错误输出流。此输出流用于显示错误消息。通常，此流对应于显示器输出或者由主机环境或用户指定的另一个输出目标。按照惯例，即使用户输出流（变量out的值）已经重定向到通常不被连续监视的某一文件或其他目标，System.err输出的信息也应该立刻引起用户注意。

【示例9-1】采用标准输入Syetem.in分别从键盘输入字符串类型、整型和双精度类型的数据，并通过标准输出System.out在控制台输出这3种类型数据的结果。代码如下：

```java
import java.io.*;
public class StandardIO {
    public static void main(String args[]) {// IO操作必须捕获IO异常
        try {
            // 先使用System.in构造InputStreamReader，再构造BufferedReader
            BufferedReader stdin = new BufferedReader(new InputStreamReader(System.in));
            // 读取并输出字符串
            System.out.println("Enter input string");
            System.out.println(stdin.readLine());
            // 读取并输出整型数据
            System.out.println("Enter input an integer:");
            // 将字符串解析为带符号的十进制整数
            int num1 = Integer.parseInt(stdin.readLine());
            System.out.println(num1);
            // 读取并输出double数据
            System.out.println("Enter input an double:");
```

```
    // 将字符串解析为带符号的double数据
    double num2 = Double.parseDouble(stdin.readLine());
    System.out.println(num2);
  } catch (IOException e) {
      System.err.println("IOException");
    }
  }
}
```

程序运行结果如图9-4所示。

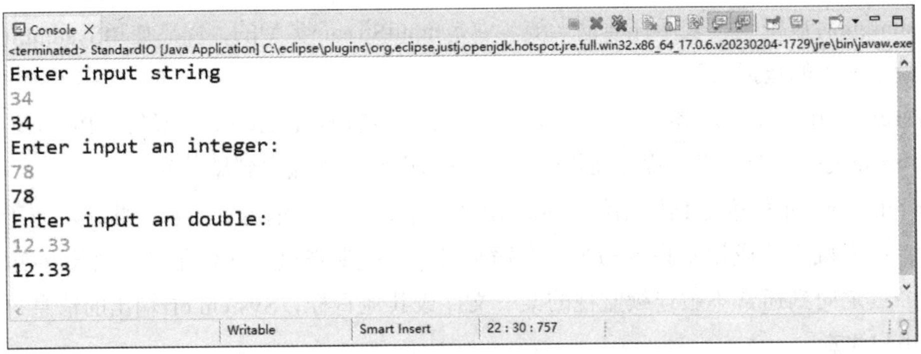

图 9-4 程序运行结果

# 9.2 Java中流的相关类

本节主要介绍Java中常用的I/O流操作相关的类，并详细介绍字节流和字符流的使用方式。

## ■9.2.1 字节流

### 1. InputStream（输入流）类

在Java中，用InputStream类来描述所有字节输入流的抽象概念。它是一个抽象类，所以不能通过"new InputStream()"的方式实例化InputStream类的对象。InputStream提供了一系列和读取数据有关的方法，如表9-1所示。

表 9-1 InputStream 类的方法

| 方法 | 说明 |
| --- | --- |
| int available() | 从输入流返回可读的字节数 |
| void close() | 关闭输入流并释放与该流关联的所有系统资源 |
| void mark(int readlimit) | 在此输入流中标记当前的位置。readlimit参数告知此输入流在标记位置失效之前允许读取的字节数 |
| boolean markSupported() | 测试此输入流是否支持mark()和reset()方法 |

（续表）

| 方法 | 说明 |
|------|------|
| abstract int read() | 从输入流中读取数据的下一个字节 |
| int read(byte[] b) | 从输入流中读取一定数量的字节，并将其存储在缓冲区数组b中 |
| int read(byte[] b, int off, int len) | 将输入流中从指定的off位置开始的最多len个数据字节读入byte型数组 |
| void reset() | 将此流重新定位到最后一次对此输入流调用mark()方法时的位置 |
| long skip(long n) | 跳过和丢弃此输入流中数据的n个字节 |

## 2. OutputStream（输出流）类

在Java中，用OutputStream类来描述所有字节输出流的抽象概念。它是一个抽象类，所以不能被实例化。OutputStream类提供了一系列和写入数据有关的方法，如表9-2所示。

**表 9-2　OutputStream 类的常用方法**

| 方法 | 说明 |
|------|------|
| void close() | 关闭此输出流并释放与此流有关的所有系统资源 |
| void flush() | 刷新此输出流并强制写出所有缓冲的输出字节 |
| void write(byte[] b) | 将b.length个字节从指定的byte型数组写入此输出流 |
| void write(byte[] b, int off, int len) | 将指定的byte型数组中从偏移量off开始的len个字节写入此输出流 |
| abstract void write(int b) | 将指定的b个字节写入此输出流 |

## 3. FileInputStream（文件输入流）类和FileOutputStream（文件输出流）类

FileInputStream类和FileOutputStream类用于描述从磁盘文件读和写数据。这两个类的构造函数允许指定连接的文件路径。FileInputStream类允许以流的形式从文件读输入；FileOutputStream类允许以流的形式把输出写进文件流。

## 4. DataInputStream（数据输入流）类和DataOutputStream（数据输出流）类

DataInputStream类是过滤输入流（FilterInputStream）的子类，它实现了DataInput接口中的方法。DataInputStream不仅可以读取数据流，还可以用与机器无关的方式从基本输入流中读取Java语言中各种各样基本数据类型（如int、float、String等类型）的数据。DataInputStream类提供了一系列与读取数据有关的方法，如表9-3所示。

**表 9-3　DataInputStream 类的常用方法**

| 方法 | 说明 |
|------|------|
| int readInt() | 从输入流读取int类型数据 |
| byte readByte() | 从输入流读取byte类型数据 |
| char readChar() | 从输入流读取char类型数据 |
| long readLong() | 从输入流读取long类型数据 |

（续表）

| 方法 | 说明 |
| --- | --- |
| double readDouble() | 从输入流读取double类型数据 |
| float readFloat() | 从输入流读取float类型数据 |
| boolean readBoolean() | 从输入流读取boolean类型数据 |
| String readUTF() | 从输入流读取若干字节，然后转换成UTF-8编码的字符串 |

DataOutputStream是FilterOutputStream类的子类，它实现了DataOutput接口中定义的独立于具体机器的带格式的写入操作，从而可以实现对Java中不同的基本类型数据的写入操作，如writeByte()、writeInt()等。DataOutputStream类提供了一系列与写入数据有关的方法，如表9-4所示。

表9-4　**DataOutputStream** 常用方法

| 方法 | 说明 |
| --- | --- |
| void writeInt() | 向输出流写入一个int类型的数据 |
| void writeByte() | 向输出流写入一个byte类型数据 |
| void writeChar() | 向输出流写入一个char类型数据 |
| void writeLong() | 向输出流写入一个long类型数据 |
| void writeDouble() | 向输出流写入一个double类型数据 |
| void writeFloat() | 向输出流写入一个float类型数据 |
| boolean writeBoolean() | 向输出流写入一个boolean类型数据 |
| void writeUTF() | 向输出流写入采用UTF-8字符编码的字符串 |

**5. BufferedInputStream**（缓冲输入流）类和**BufferedOutputStream**（缓冲输出流）类

BufferedInputStream也是FilterInputStream类的子类，它可以为InputStream类的对象增加缓冲区的功能，以提高读取数据的效率。实例化BufferedInputStream类的对象时，需要给出一个InputStream类型的实例对象。BufferInputStream类定义了如下两种构造函数。

- **BufferInputStream(InputStream in)**：为输入流in对象增加缓冲区，缓冲区默认大小为2 048个字节。
- **BufferInputStream(InputStream in,int size)**：为输入流in对象增加缓冲区，缓冲区大小由第2个参数size指定，以字节为单位。

BufferedOutputStream是FilterOutputStream的子类，利用输出缓冲区可以提高写数据的效率。BufferedOutputStream类先把数据写到缓冲区，当缓冲区满的时候才真正把数据写入目的端，这样可以减少向目的端写数据的次数，从而提高输出的效率。实例化BufferedOutputStream类的对象时，需要给出一个OutputStream类型的实例对象。BufferedOutputStream类的构造方法有两个：

- **BufferedOutputStream(OutputStream out)**：参数out指定需要连接的输出流对象，也就是out将作为BufferedOutputStream流输出的目标端。
- **BufferedOutputStream(OutputStream out,int size)**：参数out指定需要连接的输出流对象；参数size指定缓冲区的大小，以字节为单位。

# ■9.2.2 字符流

## 1. Reader（读取字符流）类和Writer（写入字符流）类

InputStream读取的是字节流，但在很多应用环境中，Java程序中读取的是文本数据内容，文本文件中存放的都是字符，在Java中字符采用的都是Unicode编码方式，每一个字符占用两个字节的空间。为了方便读取以字符为单位的数据文件，Java提供了Reader类，它是所有字符输入流的基类，位于java.io包中。需要注意的是：

- Reader类是抽象类，所以不能直接进行实例化。
- Reader类提供的方法与InputStream类提供的方法类似。

Reader类的常用方法如表9-5所示。

表 9-5 **Reader 类的常用方法**

| 方法名 | 说明 |
|---|---|
| void close() | 关闭此输入流并释放与该流关联的所有系统资源 |
| void mark(int readlimit) | 在此输入流中标记当前的位置 |
| boolean markSupported() | 测试此输入流是否支持mark()和reset()方法 |
| int read() | 读取一个字符，返回值为读取的字符 |
| int read(char[] b) | 从输入流中读取若干字符，并将其存储在字符数组b中，返回值为实际读取的字符的数量 |
| int read(char[] b, int off, int len) | 读取len个字符，从数组b的下标off处开始存放，返回值为实际读取的字符数量，该方法必须由子类实现 |
| void reset() | 将此流重新定位到最后一次对此输入流调用mark()方法时的位置 |
| long skip(long n) | 跳过和丢弃此输入流中数据的n个字符 |

Writer类是处理所有字符输出流类的基类，位于java.io包中。它是抽象类，所以不能直接进行实例化。Writer提供多个成员方法，分别用于输出单个字符、字符数组和字符串。Writer类的常用方法如表9-6所示。

表 9-6 **Writer 类的常用方法**

| 方法名 | 说明 |
|---|---|
| void write(int c) | 将整型值c的低16位写入输出流 |
| void write(char cbuf[]) | 将字符数组cbuf写入输出流 |

（续表）

| 方法名 | 说明 |
|--------|------|
| void write(char cbuf[],int off,int len) | 将字符数组cbuf中从索引为off的位置处开始的len个字符写入输出流 |
| void write(String str) | 将字符串str中的字符写入输出流 |
| void write(String str,int off,int len) | 将字符串str中从索引off开始处的len个字符写入输出流 |
| void flush() | 刷新输出流，并输出所有被缓存的字节 |

### 2. FileReader（读取文件字符流）类和FileWriter（写入文件字符流）类

因为大多数程序会涉及文件读/写，所以FileReader类是一个经常被用到的类，FileReader类可以在一个指定文件上实例化一个文件输入流，利用流提供的方法从文件中读取一个字符或者一组数据。由于汉字在文件中占用两个字节，如果使用字节流，读取不当会出现乱码现象，采用字符流就可以避免这种现象。FileReader类有两个构造方法，分别为：

```
FileReader(String filename)
FileReader(File f)
```

相对来说，第一种方法使用更方便一些，构造一个输入流，并以filename指定的文件为输入源。第二种方法构造一个输入流，并使File的对象f和输入流相连接。

FileReader类中最重要的方法是read()，它返回下一个输入字符的整型表示。

FileWriter类是OutputStreamWriter类的直接子类，用于向文件中写入字符。该类的构造方法以默认的字符编码和默认的字节缓冲区大小来创建实例。FileWriter有两个构造方法，分别为：

```
FileWriter(String filename)
FileWriter(File f)
```

【示例9-2】建立一个FileReader对象来读取文件"e:\test.txt"的第1行数据，遇到换行符结束，并把读取的结果在控制台中输出，同时把读出的数据写入另一个文件。代码如下：

```
import java.io.*;
public class FileRW{
    public static void main(String args[]) throws IOException {
        // 创建FileReader类对象，并把文件"t1.txt"作为源端
        FileReader fr = new FileReader("e:/t1.txt");
        char ch = ' ';
        // 创建FileWriter对象，参数"e:/t2.txt"为输出流的目的端文件
        FileWriter fw = new FileWriter("e:/t2.txt",true);
        while (ch != '\n') {//循环从文件中读取字符，直到遇到换行符
            ch = (char) fr.read();
```

```
    try { //把字符串写入输出流中，进而写到文本文件中
        fw.write(ch);
    } catch (IOException e) {}
        System.out.print(ch);
    }
    fw.close();
    fr.close();//关闭流
    System.out.print("文件写入结束");
    }
}
```

程序运行结果如图9-5所示。

图 9-5　程序运行结果

## 3. BufferedReader（缓冲读取字符流）类和BufferedWriter（缓冲写入字符流）类

Reader类的read()方法每次从数据源中读取一个字符，对于数据量比较大的输入操作，效率会受到很大影响。为了提高效率，可以使用BufferedReader类。当使用BufferedReader类读取文本文件时，会尽量从文件中读入字符数据并置入缓冲区，之后若使用read()方法获取数据，会先从缓冲区中读取内容，如果缓冲区数据不足，才会再从文件中读取。BufferedReader类有两个构造方法，分别为：

```
BufferedReader(Reader in)
BufferedReader(Reader in,int size)
```

其中，参数in指定连接的字符输入流，参数size指定以字符为单位的缓冲区大小。BufferedReader中定义的构造方法只能接收字符输入流的实例，所以必须使用字符输入流对象。

使用BufferedWriter时，写出的数据并不会直接输出至目的端，而是先储存至缓冲区中，如果缓冲区中的数据满了，才会执行一次对目的端的写出操作，这样可以减少对磁盘的I/O操作，从而提高程序的效率。BufferedWriter类提供了newLine()方法，它使用平台自身的行分隔符（由系统属性line.separator定义）。因为并非所有平台都使用字符'\n'作为行结束符，所以调用此方法来终止每个输出行要优于直接写入新行符。

BufferedWriter有两个构造方法，分别为：

BufferedWriter(Writer out)

BufferedWriter(Writer out,int size)

其中，参数out指定连接的输出流，参数size指定缓冲区的大小，缓冲区以字符为单位。

【示例9-3】通过BufferedReader类把文件"e:\t1.txt"中的内容送入输入流中，然后按行从流中获取数据，并在控制台中显示。代码如下：

```java
import java.io.*;
public class BufferedR {
    public static void main(String args[]) {
        try {
            // 创建一个字符文件输入流，并作为参数传递给字符缓冲输入流
            BufferedReader br = new BufferedReader(new FileReader("e:/t1.txt"));
            String s;
            // 每次读一行数据，返回字符串类型
            while ((s = br.readLine()) != null) {
                System.out.println(s);
            }
        } catch (Exception e) {}
    }
}
```

程序运行结果如图9-6所示。

图 9-6　程序运行结果

## 4. StringReader（字符串读取字符流）类和StringWriter（字符串写入字符流）类

StringReader类实现从一个字符串中读取数据。StringReader类是通过重写父类的成员方法实现从一段字符串而不是从一个文件中读取信息，它把字符串作为字符输入流的数据源。StringReader类的构造方法为：

StringReader(String s)

其中，参数s指定输入流对象的数据源。

StringReader类中最重要的方法是read()，它返回下一个字符的整型表示。

StringWriter类是一个字符流，可以用其回收在字符串缓冲区中的输出。该类的构造方法有两个，分别为：

StringWriter( )
StringWrite(int  s)

其中，参数s指定初始字符串缓冲区的大小。

StringWrite类中最重要的方法是write()和toString()，分别实现写入字符串和以字符串的形式返回缓冲区中当前值的功能。

### 5. PrintWriter（输出字符流）类

PrintWriter在功能上与PrintStream类似，它向字符输出流输出对象的格式化表示形式，除了接受文件名字符串和OutputStream实例作为变量之外，PrintWriter还可以接受Writer对象作为输出的对象。

PrintWriter类实现了PrintStream中的所有输出方法。它所有的print()方法和println()方法也都不会抛出I/O异常，用户通过PrintWriter的checkError()方法可以查看写数据是否成功，如果该方法返回true表示成功，否则表示写数据出现了错误。

PrintWriter和PrintStream的println(String s)方法都能输出字符串，两者的区别是PrintStream只能使用本地平台的字符编码，而PrintWriter使用的字符编码取决于所连接的Writer类所使用的字符编码。

PrintWriter的构造方法有：

- **PrintWriter(File file)**：使用指定文件file创建不具有自动行刷新的新PrintWriter。
- **PrintWriter(File file, String csn)**：创建具有指定文件和字符集且不带自动行刷新的新PrintWriter。
- **PrintWriter(OutputStream out)**：根据现有的OutputStream创建不带自动行刷新的新PrintWriter。
- **PrintWriter(OutputStream out, boolean autoFlush)**：通过现有的OutputStream创建新的PrintWriter。
- **PrintWriter(String fileName)**：创建具有指定文件名称且不带自动行刷新的新PrintWriter。
- **PrintWriter(String fileName, String csn)**：创建具有指定文件名称和字符集且不带自动行刷新的新PrintWriter。

# 9.3  文件的读写

Java为编程人员提供了一系列读写文件的类和方法。在Java中，所有的文件都是字节形式的。Java提供了从文件读写字节的方法，而且允许在字符形式的对象中使用字节文件流。

## ■9.3.1  文件读写的方法

两个最常用的流类是FileInputStream和FileOutputStream，它们生成与文件链接的字节流。为了打开文件，只需创建这些类中某一个类的一个对象，在构造函数中以参数形式指定文件的名称。这两个类都支持其他形式的重载构造函数。下面是要用到的读写文件的形式：

FileInputStream(String fileName) throws FileNotFoundException
FileOutputStream(String fileName) throws FileNotFoundException

这里，fileName指定需要打开的文件名。当创建了一个输入流而文件不存在时，会引发FileNotFoundException异常。对于输出流，如果文件不能生成，则引发FileNotFoundException异常。如果一个输出文件被打开，所有原先存在的同名的文件将被破坏。

当对文件的操作结束后，需要调用close()方法来关闭文件。该方法在FileInputStream和FileOutputStream中都有定义，具体形式如下：

void close() throws IOException

为了读文件，可以使用在FileInputStream中定义的read()方法，形式如下：

int read() throws IOException

该方法每次被调用，仅从文件中读取一个字节并将该字节以整数形式返回。当读到文件尾时，read()返回-1。该方法可以引发IOException异常。

向文件写数据，需要使用FileOutputStream类中定义的write()方法，该方法最简单的形式如下：

void write(int byteval) throws IOException

该方法按照byteval指定的数字大小向文件写入字节。尽管byteval为整型，但只有低位的8个字节可写入文件。如果在写过程出现问题，则会引发IOException异常。

## ■9.3.2  File类

在进行文件操作时，往往需要知道文件的一些信息。通过File类可以获取文件本身的一些属性信息，如文件名称、所在路径、可读性、可写性、文件长度等。File实例除了用作一个文件或目录的抽象表示之外，它还提供了不少相关的操作方法。

File类常用的构造方法有3个，分别为：

● **File(String pathname)**：以文件的路径为参数创建一个File对象实例。

● **File(String directoryPath,String filename)**：以文件路径和文件名称为参数创建一个File对象实例。

● **File(File f, String filename)**：以文件对象和文件名为参数创建一个File对象实例。

当创建了一个文件对象后，就可以使用下面的方法来获得文件的相关信息并对文件进行操作了。文件对象的操作方法有很多，大致可分为以下几类：对文件名的操作、对目录的操作、对文件属性的测试、文件属性的设置及其他。

### 1. 对文件名的操作

对文件名操作的方法有：

- **public String getName()**：返回文件对象名字符串，串空时返回null。
- **public String toString()**：返回文件名字符串。
- **public String getParent()**：返回文件对象父路径字符串，不存在时返回null。
- **public String getPath()**：获取相对路径名字符串。
- **public String getAbsolutePath()**：返回绝对路径名字符串。
- **public String getCanonicalPath() throws IOException**：返回规范的路径名字符串。
- **public File getCanonicalFile() throws IOException**：返回文件（含相对路径名）的规范形式。
- **public boolean renameTo(File dest)**：重命名指定的文件。
- **public static File createTempFile(String prifix,String suffix,File directory) throws IOException**：在指定目录建立以指定前后缀为文件名的空文件。
- **public static File createTempFile(String prifix,String suffix) throws IOException**：在默认的当前目录建立以指定前后缀为文件名的空文件。
- **public boolean createNewFile() throws IOException**：当指定文件不存在时，建立一个新的空文件。

### 2. 对目录的操作

- **public boolean mkdir()**：创建指定的目录，正常建立时返回true，否则返回false。
- **public boolean mkdirs()**：创建指定的目录，包含任何不存在的父目录。
- **public String[] list()**：返回指定目录下的文件（存入数组）。
- **public String[] list(FilenameFilter filter)**：返回指定目录下满足指定文件过滤器的文件（存入数组）。
- **public File[] listFiles()**：返回指定目录下的文件对象。
- **public File[] listFiles(FilenameFilter filter)**：返回指定目录下满足指定文件过滤器的文件对象。
- **public File[] listFiles(FileFilter filter)**：返回指定目录下满足指定文件过滤器的文件对象（返回路径名应满足文件过滤器）。
- **public static File[] listRoots()**：列出可用文件系统的根目录结构。

### 3. 对文件属性的测试

测试文件对象属性的方法有：

- **public boolean canRead()**：测试应用程序是否能读指定的文件。
- **public boolean canWrite()**：测试应用程序是否能修改指定的文件。

- **public boolean exists()**：测试指定的文件是否存在。
- **public boolean isDirectory()**：测试指定文件是否是目录。
- **public boolean isAbsolute()**：测试路径名是否为绝对路径。
- **public boolean isFile()**：测试指定的文件是否是一般文件。
- **public boolean isHidden()**：测试指定的文件是否是隐藏文件。

### 4. 文件属性的设置

- **public boolean setLastModified(long time)**：设置指定文件或目录的最后修改时间，操作成功返回true，否则返回false。
- **public boolean setReadOnly()**：设置指定的文件或目录为只读状态，操作成功返回true，否则返回false。

### 5. 其他

- **public long lastModified()**：返回指定文件最后被修改的时间。
- **public long length()**：返回指定文件的字节长度。
- **public boolean delete()**：删除指定的文件或目录。
- **public void deleteOnExit()**：当虚拟机执行结束时请求删除指定的文件或目录。
- **public int compareTo(File pathname)**：与另一个对象比较名字（相对路径名）。
- **public boolean equals(Object obj)**：与另一个对象比较对象名。
- **public int hashCode()**：返回文件名的哈希码。

实际上，File类的对象表示一个文件并不是真正的文件，只是一个代理而已，通过这个代理来操作文件。创建一个File对象和创建一个文件在Java中是两个不同的概念，前者是在虚拟机中创建了一个文件，但却并没有将它真正地创建到操作系统的文件系统中，随着虚拟机的关闭，这个创建的对象也就消失了；而创建一个文件是在系统中真正地建立一个文件。例如：

```
File f=new File("9.txt");          //创建一个名为9.txt的文件对象
f.CreateNewFile();                 //真正地创建文件
```

【示例9-4】查看文件目录和文件属性。根据命令行输入的参数，如果是目录，则显示出目录下的所有文件与目录的名称；如果是文件，则显示出文件的属性。代码如下：

```
import java.io.*;
import java.util.*;
public class FileDemo {
    public static void main(String[] args) {
        try {
            File file = new File(args[0]);
            if (file.isFile()) { // 是否为文件
                System.out.println(args[0] + " 文件");
                System.out.print(file.canRead() ? "可读 " : "不可读 ");
```

```
                System.out.print(file.canWrite() ? "可写 " : "不可写 ");
                System.out.println(file.length() + "字节");
            } else {
                File[] files = file.listFiles();// 列出所有的文件及目录
                ArrayList<File> fileList = new ArrayList<File>();
                for (int i = 0; i < files.length; i++) {
                    if (files[i].isDirectory()) { // 是否为目录
                        System.out.println("[" + files[i].getPath() + "]");
                    } else {
                        fileList.add(files[i]); // 文件先存入fileList
                    }
                }
                for (File f : fileList) {
                    System.out.println(f.toString());// 列出文件
                }
                System.out.println();
            }
        } catch (ArrayIndexOutOfBoundsException e) {
            System.out.println("using: Java FileDemo pathname");
        }
    }
}
```

程序运行结果如图9-7所示。

图 9-7　程序运行结果

## ■9.3.3　RandomAccessFile类

RandomAccessFile类封装的是一个随机访问的文件类，它是直接继承于Object类而非InputStream/OutputStream类。对于InputStream和OutputStream来说，它们的实例都是顺序访问流，而且读取数据和写入数据必须使用不同的类，但随机文件突破了这种限制。在Java中，RandomAccessFile类中提供了随机访问文件的方法，可以实现读写文件中任何位置的数据，也允许使用同一个实例对象对同一个文件交替进行读写操作。

RandomAccessFile类的构造方法有两个，分别为：

- **RandomAccessFile(File file, String mode)**：创建可以从中读取和向其中写入（可选）的随机存取文件流，该文件由file参数指定。

- **RandomAccessFile(String name, String mode)**：创建可以从中读取和向其中写入（可选）的随机存取文件流，该文件具有指定名称name。

其中，mode表示文件的打开方式，它的值可以是r或rw。r表示以只读方式打开，rw表示可读可写，若文件不存在则创建一个可读可写的文件。

采用RandomAccessFile类对象读写文件内容的原理是将文件看作字节数组，并用文件指针指示当前位置。初始状态下，文件指针指向文件的开始位置；读取数据时，文件指针会自动移过读取过的数据。用户可以改变文件指针的位置，从而实现随机访问。RandomAccessFile类的常用方法如表9-7所示。

**表9-7　RandomAccessFile 类的常用方法**

| 方法 | 说明 |
| --- | --- |
| long getFilePointer() | 返回文件指针的当前位置 |
| long length() | 返回文件的长度 |
| void close() | 关闭文件 |
| int read(byte[] b) | 将内容读取到一个byte数组b中 |
| byte readByte() | 读取一个字节 |
| int readInt() | 从文件中读取整型数据 |
| void seek(long pos) | 设置文件指针的位置 |
| void writeBytes(String s) | 将一个字符串写入到文件中，按字节的方式处理 |
| void writeInt(int v) | 将一个int型数据写入文件 |
| int skipBytes(int n) | 文件指针跳过n个字节 |

【示例9-5】利用随机数据流RandomAccessFile类记录用户的键盘输入，每执行一次，就将用户的键盘输入存储在指定的UserInput.txt文件中。代码如下：

```
import java.io.*;
public class RandomFile {
    public static void main(String args[]) {
        StringBuffer buf = new StringBuffer();
        char ch;
        try {
            // 从标准输入流中读取一行字符，并把它添加到字符串缓冲对象中
            while ((ch = (char) System.in.read()) != '\n') {
                buf.append(ch);
            }
            // 创建一个随机文件对象
```

```
RandomAccessFile myFileStream = new RandomAccessFile( "e:/t1.txt", "rw");
    // 文件读写指针定位到文件末尾
    myFileStream.seek(myFileStream.length());
    // 将字符串缓冲对象的内容添加到文件的尾部
    myFileStream.writeBytes(buf.toString());
    myFileStream.close();// 关闭随机文件对象
  } catch (IOException e) { }
  }
}
```

程序运行结果如图9-8所示。

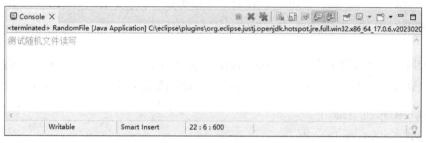

图 9-8　程序运行结果

在Java的 I/O编程中要注意的是：

● **对异常的捕获**。由于包java.io中几乎所有的类都声明有I/O异常，因此程序应该对在I/O操作时可能产生的异常加以处理，也就是要放在try…catch结构中加以检测和处理这些异常。

● **对流结束的判断**。当方法read()的返回值为-1时，或者readLine()的返回值为null时，说明流已经结束，在执行读取操作时，对此应该加以判断。

# 9.4　序列化和对象流

## 9.4.1　序列化的概念

对象的寿命通常随着生成该对象的程序的终止而终止，但有时可能需要将对象的状态保存下来，在需要时再将对象恢复。通常把对象的这种能记录自己的状态以便将来再生的能力，称为对象的持久性（persistence）。对象通过写出描述自己状态的数值来记录自己，这个过程叫对象的序列化（serialization）。

对象序列化的目的是将对象保存到磁盘上，或者允许在网络上传输对象。对象序列化机制就是把内存中的Java对象转换为与平台无关的字节流，允许把这种字节流持久保存在磁盘上，或者通过网络将这种字节流传送到另一台主机上。其他程序一旦获得这种字节流，就可以恢复原来的Java对象。

如果一个对象可以被存放到磁盘上，或者可以发送到另外一台机器并存放到存储器或磁盘

上，那么这个对象就被称为可序列化的。

要序列化一个对象，必须与一定的对象输入/输出流联系起来，通过对象输出流将对象状态保存下来，再通过对象输入流将对象状态恢复。

java.io包中提供了ObjectInputStream类和ObjectOutputStream类，它们将数据流功能扩展至可读写对象。在ObjectInputStream类中用readObject()方法可以直接读取一个对象，在ObjectOutputStream类中用writeObject()方法可以直接将对象保存到输出流中。

## ■9.4.2 ObjectOutputStream

ObjectOutputStream是一个处理流，所以它必须建立在其他节点流的基础之上。例如，先创建一个FileOutputStream输出流对象，再基于这个对象创建一个对象输出流。

```
FileOutputStream fileOut=new FileOutputStream("book.txt");
ObjectOutputStream objectOut=new ObjectOutputStream(fileOut);
```

writeObject()方法用于将对象写入ObjectOutputStream流中。所有对象（包括String和数组）都可以通过 writeObject ()方法写入。可将多个对象或基元写入流中，例如：

```
objectOut.writeObject("Hello");
objectOut.writeObject(new Date());
```

对象的默认序列化机制写入的内容包括：对象的类、类签名，以及非瞬态和非静态字段的值。对其他对象的引用也会导致这些对象被写入。

ObjectOutputStream类的构造方法有以下两个：

● **ObjectOutputStream()**：为完全重新实现ObjectOutputStream的子类提供一种方法，它不必分配仅由ObjectOutputStream实现而使用的私有数据。

● **ObjectOutputStream(OutputStream out)**：创建写入指定OutputStream流的ObjectOutputStream对象。

ObjectOutputStream类的常用方法如表9-8所示。

表9-8　ObjectOutputStream 类的常用方法

| 方法 | 说明 |
| --- | --- |
| void defaultWriteObject() | 将当前类的非静态和非瞬态字段写入此流 |
| void flush() | 刷新该流的缓冲区 |
| void reset() | 重置将丢弃已写入流中的所有对象的状态 |
| void write(byte[] buf) | 写入一个byte类型数组 |
| void write(int val) | 写入一个字节 |
| void writeByte(int val) | 写入一个8位字节 |
| void writeBytes(String str) | 以字节序列形式写入一个String类型字符串 |

（续表）

| 方法 | 说明 |
|------|------|
| void writeChar(int val) | 写入一个16位的char值 |
| void writeInt(int val) | 写入一个32位的int值 |
| void writeObject(Object obj) | 将指定对象写入ObjectOutputStream流中 |

# ■9.4.3 ObjectInputStream

ObjectInputStream是一个处理流，也必须建立在其他节点流的基础之上。它可以对以前使用ObjectOutputStream写入的基本数据和对象进行反序列化。例如：

FileInputStream fileIn=new FileInputStream("book.txt");
ObjectInputStream objectIn=new ObjectInputStream(fileIn);

readObject()方法用于从ObjectInputStream流读取对象，应该使用Java的安全强制转换来获取所需的类型。在Java中，字符串和数组都是对象，在序列化期间作为对象处理。读取时，需要将其强制转换为期望的类型。例如：

String s=(String)objectIn.readObject();
Date d=(Date)objectIn.readObject();

默认情况下，对象的反序列化机制会将每个字段的内容恢复为写入时它所具有的值和类型。反序列化时始终分配新对象，这样可以避免现有对象被重写。

ObjectInputStream的构造方法有以下两个：

● **ObjectInputStream()**：为完全重新实现ObjectInputStream的子类提供一种方法，它不必分配仅由ObjectInputStream实现而使用的私有数据。

● **ObjectInputStream(InputStream in)**：创建从指定InputStream流中读取的ObjectInputStream对象。

ObjectInputStream类的常用方法如表9-9所示。

**表9-9 ObjectInputStream 类的常用方法**

| 方法 | 说明 |
|------|------|
| void defaultReadObject() | 从此流读取当前类的非静态和非瞬态字段 |
| int read() | 读取数据字节 |
| byte readByte() | 读取一个8位的字节 |
| char readChar() | 读取一个16位的char值 |
| int readInt() | 读取一个32位的int值 |
| ObjectStreamClass readClassDescriptor() | 从序列化流读取类描述符 |
| Object readObject() | 从ObjectInputStream流中读取对象 |

# 课后练习

**练习1：**

编写一个程序FileIO.java，创建一个目录，并在该目录下创建一个文件对象；创建文件输出流对象，从标准输入端输入字符串，以"#"结束，将字符串内容写入到文件，关闭输出流对象；创建输入流对象，读出文件内容，在标准输出端输出文件中的字符串，关闭输入流对象。

要求：

（1）用File类构建目录和文件。

（2）用FileInputStream和FileOutputStream为输入和输出对象进行读写操作。

**练习2：**

有5个学生，每个学生有3门课的成绩，使用键盘输入学生号、姓名、3门课的成绩等数据，然后计算出每个学生的平均成绩，把原有的数据和计算出的平均分数存放在文件"student.dat"中。

要求：

（1）成绩输入来自键盘，利用Scanner类。

（2）用File类建立文件，用BufferedWriter类完成文件的写操作。

**练习3：**

编写图形界面的应用程序，界面中包括分别用于输入字符串和浮点数的两个TextField、两个按钮和一个TextArea。用户在两个TextField中输入数据并单击"输入"按钮后，程序利用DataOutputStream将这两个数据保存到一个文件"file.dat"中，单击"输出"按钮则将这个文件的内容利用DataInputStream读出来并显示在TestArea中。

第 **10** 章

# 多线程技术

内容概要

在多处理器系统中，多个线程可以在不同的处理器上同时执行，提高了处理器的利用率。在单处理器系统中，多线程技术也可以达到类似的效果，提升系统的存吐率。本章将介绍进程与线程的基本概念，线程的创建、调度与同步等内容。

## 10.1　程序、进程和线程的基本概念

目前主流的操作系统都支持多个程序同时运行，每个运行的程序就是操作系统所做的一件事情，例如，用"酷狗音乐"听歌的同时还在使用"QQ"软件进行聊天，音乐软件和聊天软件是两个不同的程序，但这两个程序却在"同时"运行。

一个程序的运行一般对应一个进程，也可能包含好几个进程。程序、进程和线程这3个概念的区别和联系如下：

- **程序**：程序是一段静态的代码，是人们解决问题的思维方式在计算机中的描述，是应用软件执行的蓝本。它是一个静态的概念，存放在外存上还没有运行的软件叫程序。
- **进程**：进程是程序的一个运行例程，是用来描述程序的动态执行过程的。程序运行时，操作系统会为进程分配资源，其中最主要的资源是内存空间，因为程序是在内存中运行的。一个程序运行结束，它所对应的进程就不存在了，但程序软件依然存在；一个进程可以对应多个程序文件，同样，一个程序软件也可以对应多个进程。例如，浏览器软件可以运行多次，打开多个窗口，每一次运行都对应着一个进程，但浏览器程序软件只有一个。
- **线程**：线程是进程中相对独立的一个程序段的执行单元。一个进程可以包含若干个线程，一个线程不能独立存在，它必须是进程的一部分。一个进程中的多个线程可以共享进程中的资料。

JVM（Java虚拟机）的很多任务都依赖线程调度，执行程序代码的任务是由线程来完成的。在Java中，每一个线程都有一个独立的程序计数器和方法调用栈。

- **程序计数器**：又称PC寄存器，是一个记录当前线程所执行的程序代码位置的寄存器。当线程在执行的过程中，程序计数器指向的是下一条要执行的指令。
- **方法调用栈**：简称方法栈，是用来描述线程在执行时一系列的方法调用过程。栈中的每一个元素称为一个栈帧。每一个栈帧对应一个方法调用，帧中保存了方法调用的参数、局部变量和程序执行过程中的临时数据。

JVM进程被启动，在同一个JVM进程中，有且只有一个进程，就是它自己。然后在这个JVM环境中，所有程序的运行都是以线程来运行。JVM最先会产生一个主线程，由它来运行指定程序的入口点。在这个程序中，就是主线程从main()方法开始运行。当main()方法结束后，主线程运行完成，JVM进程也随之退出。

## 10.2　线程的创建

创建线程的常用方法主要有继承Thread类和实现Runnable接口两种。在使用Runnable接口时需要建立一个Thread实例。因此，无论是通过继承Thread类还是实现Runnable接口建立线程，都必须建立Thread类或它的子类的实例。

## ■10.2.1 继承Thread类

Thread类位于java.lang包中，Thread类的每个实例对象就是一个线程，它的子类的实例也是一个线程。只有通过Thread类或它的派生类才能创建线程的实例并启动一个新的线程，其构造方法为：

public Thread(ThreadGroup group,Runnable target,String name,long stackSize)

其中，group指明该线程所属的线程组，target为实际执行线程体的目标对象，name为线程名，stackSize为线程指定的堆栈大小，这些参数都可以省略。Thread类有8个重载的构造方法，在JDK帮助文档有详细的说明，这里不再赘述。

Thread类的常用方法如表10-1所示。

表 10-1　Thread 类的常用方法

| 方法 | 说明 |
| --- | --- |
| void run() | 线程运行时所执行的代码都在这个方法中，是Runnable接口声明的唯一方法 |
| void start() | 开始执行线程，Java虚拟机将调用该线程的run()方法 |
| static int activeCount() | 返回当前线程的线程组中活动线程的数目 |
| static Thread currentThread() | 返回对当前正在执行的线程对象的引用 |
| static int enumerate(Thread[] t) | 将当前线程组中的每一个活动线程复制到指定的数组中 |
| String getName() | 返回线程的名称 |
| int getPriority() | 返回线程的优先级 |
| Thread.State getState() | 返回线程的状态 |
| Thread Group getThreadGroup() | 返回线程所属的线程组 |
| final boolean isAlive() | 测试线程是否处于活动状态 |
| void setDaemon(boolean on) | 将线程标记为守护线程或用户线程 |
| final void setName(String name) | 改变线程名称，使之与参数name相同 |
| void interrupt() | 中断线程 |
| final void join() | 等待该线程终止，它有多个重载方法 |
| static void yield() | 暂停当前正在执行的线程对象，并执行其他线程 |

编写Thread类的派生类，主要是覆盖方法run()，在此方法中加入线程所要执行的代码。因此，通常把run()方法称为线程的执行体。方法run()可以调用其他方法，使用其他类，也可以声明变量，就像主线程main()方法一样。线程的run()方法运行结束，线程也将终止。

通过继承Thread类创建线程的步骤如下：

**步骤01** 定义Thread类的子类，并重写该类的run()方法，实现线程的功能。

**步骤02** 创建Thread子类的实例，即创建线程对象。

**步骤 03** 调用线程对象的start()方法来启动该线程。

　　创建一个线程对象后，仅仅在内存中出现了一个线程类的实例对象，线程并不会自动开始运行，必须调用线程对象的start()方法来启动线程。start()方法完成两方面功能：一方面是为线程分配必要的资源，使线程处于可运行状态，另一方面是调用线程的run()方法来运行线程。

## ■ 10.2.2　实现Runnable接口

　　通过继承Thread类创建线程有一个缺点，那就是如果类已经继承了一个其他类，则无法再继承Thread类，此时便可以通过实现Runnable接口的方式创建线程。Runnable接口只有一个方法run()，声明的类中需要实现这一方法。方法run()同样也可以调用其他方法。

　　通过实现Runnable接口来创建线程的步骤如下：

**步骤 01** 定义Runnable接口的实现类，并实现该接口的run()方法。

**步骤 02** 创建Runnable实现类的实例，并以此实例作为Thread类的target参数来创建Thread线程对象。该Thread对象才是真正的线程对象。

　　【示例10-1】通过实现Runnable接口实现一个线程类，在主线程中实例化这个线程对象并启动，子线程执行时，会在给定的时间间隔不断显示系统当前时间。代码如下：

```java
import java.util.*;
class TimePrinter implements Runnable {
    public boolean stop = false;        //线程是否停止
    int pauseTime;                      //时钟跳变时间间隔
    String name;                        //显示时间的标签
    public TimePrinter(int x, String n) { //构造方法，初始化成员变量
        pauseTime = x;
        name = n;
    }
    public void run() {
        while (!stop) {
            try {
                //在控制台中显示系统的当前日期和时间
                System.out.println(name + ":" + new Date(System.currentTimeMillis()));
                Thread.sleep(pauseTime);  //线程睡眠pauseTime毫秒
            } catch (Exception e) {
                e.printStackTrace();        //输出异常信息
            }
        }
    }
}
```

```
public class NewThread {
    static public void main(String args[]) {
        //实例化一个Runnable对象
        TimePrinter tp = new TimePrinter(1000, "当前日期时间");
        Thread t = new Thread(tp);         //实例化一个线程对象
        t.start(); //启动线程
        System.out.println("按回车键终止！");
        try {
            System.in.read();              //从输入缓冲区中读取数据，按【Enter】键返回
        } catch (Exception e) {
            e.printStackTrace();           //输出异常信息
        }
        t.stop = true;                     //设置子线程的终止标志为true
    }
}
```

在本例中，每间隔1 s就会在屏幕上显示当前的日期和时间，这是由主线程创建一个子线程来完成的。程序运行结果如图10-1所示。

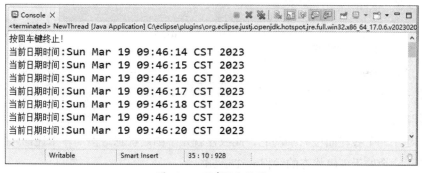

图 10-1　程序运行结果

注意：当使用Runnable接口时，不能直接创建所需类的对象并运行它，必须从Thread类的一个实例内部运行它才行。

## ■10.2.3　线程的生命周期

当线程对象被创建时，线程的生命周期就开始了，直到线程对象被撤销为止。在整个生命周期中，线程并不是创建后即进入可运行状态，线程启动后也不是一直处于可运行状态。在整个生命周期中线程具有多种状态，这些状态之间可以互相转化。Java线程的生命周期可以分为以下6种状态：

● 创建（New）状态。

● 可运行（Runnable）状态。

- 阻塞（Blocked）状态。
- 等待（Waiting）状态。
- 计时等待（Timed Waiting）状态。
- 终止（Terminated）状态。

一个线程创建之后，总是处于其生命周期的6种状态之一，线程的状态表明此线程当前正在进行的活动。线程的状态是可以通过程序进行控制的，也就是说，可以对线程进行操作来改变其状态。通过各种操作，线程可以在6种状态之间进行转换。线程状态转换关系如图10-2所示。

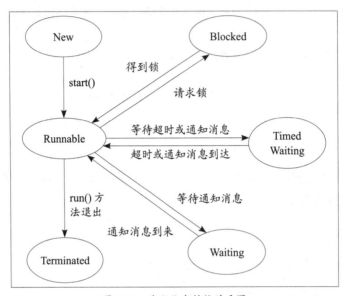

图 10-2　线程状态转换关系图

### 1. 创建状态（New）

如果创建了一个线程而没有启动它，此线程就处于创建状态。例如，下述语句执行以后，系统中就有了一个处于创建状态的线程myThread。

```
Thread myThread=new MyThreadClass();
```

其中，MyThreadClass是Thread类的子类。刚创建的线程不能执行。此时，它和其他的Java对象一样，仅仅由Java虚拟机为其分配了内存，并初始化其成员变量的值，必须向系统进行注册、分配必要的资源后才能进入可运行状态。

### 2. 可运行状态（Runnable）

如果对一个处于创建状态的线程调用start()方法，则此线程便进入可运行状态。例如：

```
myThread.start();
```

该语句执行后，线程myThread便进入可运行状态，Java虚拟机会为其创建方法调用栈和程序计数器。使线程进入可运行状态的实质是调用了线程体的run()方法，此方法是由JVM执行

start()完成分配必要的资源之后自动调用的，不需要在用户程序中显式调用run()方法。显式调用run()方法和普通方法调用一样，并没有启动新的线程。

### 3. 阻塞状态（Blocked）

当一个线程试图获取一个内部的对象锁，而该锁被其他线程持有，则该线程进入阻塞状态；或者它已经进入了某个同步块或同步方法，在运行的过程中它调用了某个对象继承自java.lang.Object的wait()方法，正在等待重新返回这个同步块或同步方法，此时该线程也进入阻塞状态。

### 4. 等待状态（Waiting）

当线程调用wait()方法来等待另一个线程的通知，或者调用join()方法等待另一个线程执行结束的时候，线程会进入等待状态。

### 5. 计时等待状态（Timed Waiting）

计时等待状态也称睡眠状态。如果线程调用sleep()、wait()、join()等方法的时候，传递一个时间参数，这些方法执行的时候就会使线程进入计时等待状态。

### 6. 终止状态（Terminated）

线程一旦进入终止状态，它就不再具有运行资格了，也不可能再转到其他状态。线程进入终止状态，有以下3种方式：

- run()方法执行完成，线程正常结束。
- 线程抛出一个未捕获的Exception或Error。
- 直接调用该线程的stop()方法来结束线程（该方法已经过时，不推荐使用）。

## 10.3 线程调度

线程在生命周期之内，它的状态会经常发生变化。由于在多线程编程中同时存在多个处于活动状态的线程，由哪一个线程获得CPU的使用权呢？这往往通过控制线程的状态变化来协调多个线程对CPU的使用。

### ■10.3.1 线程睡眠sleep( )

如果需要让当前正在执行的线程暂停一段时间，可以通过使用Thread类的静态方法sleep( )，使当前线程进入计时等待状态，让其他线程有机会执行。

sleep()方法是Thread类的静态方法，它有以下两个重载方法：

- **public static void sleep(long millis) throws InterruptedException**：在指定的时间millis（毫秒数）内让当前正在执行的线程睡眠。
- **public static void sleep(long millis，int nanos) throws InterruptedException**：在指定的时间［millis（毫秒数）＋nanos（纳秒数）］内让当前正在执行的线程睡眠。

如果线程在睡眠的过程中被中断，则该方法会抛出InterruptedException异常，因此调用sleep()方法时要捕获异常。

【示例10-2】设计一个数字时钟，在桌面窗口中显示当前时间，每间隔1 s，时间自动刷新。代码如下：

```java
import java.awt.Container;
import java.awt.FlowLayout;
import java.text.SimpleDateFormat;
import java.util.Date;
import javax.swing.JFrame;
import javax.swing.JLabel;

public class DigitalClock extends JFrame implements Runnable {
    JLabel jLabel1, jLabel2;
    public DigitalClock(String title) {
        jLabel1 = new JLabel("当前时间:");
        jLabel2 = new JLabel();
        Container contentPane = this.getContentPane();  // 获取窗口的内容空格
        contentPane.setLayout(new FlowLayout());  // 设置窗口为流式布局
        this.add(jLabel1);      // 把标签添加到窗口中
        this.add(jLabel2);      // 把标签添加到窗口中

        // 点击关闭窗口时退出应用程序
        this.setDefaultCloseOperation(JFrame.EXIT_ON_CLOSE);
        this.setSize(300, 200);    // 设置窗口尺寸
        this.setVisible(true);     // 使窗口可见
    }

    public void run() {
        while (true) {
            String msg = getTime();  // 获取时间信息
            jLabel2.setText(msg);    // 在标签中显示时间信息
            try {
                Thread.sleep(1000);   // 暂停线程1秒
            } catch (InterruptedException e) {
                e.printStackTrace();
            }
        }
    }

    String getTime() {
```

```
    Date date = new Date();     // 创建时间对象并得到当前时间
    // 创建时间格式化对象，设定时间格式
    SimpleDateFormat sdf = new SimpleDateFormat("yyyy年MM月dd日 HH时MM分ss秒");
    String dt = sdf.format(date); // 格式化当前时间，得到当时时间字符串
    return dt;
    }

    public static void main(String[] args) {
    DigitalClock dc = new DigitalClock("数字时钟"); // 创建时钟窗口对象
    Thread thread = new Thread(dc);         // 创建线程对象
    thread.start();        // 启动线程
    }
}
```

程序运行结果如图10-3所示。

图 10-3　程序运行结果

线程睡眠的目的是使线程让出CPU资源最简单的做法之一，线程睡眠的时候，会将CPU资源交给其他线程，以便能轮换执行。当睡眠一定时间后，线程会苏醒，进入可运行状态等待执行。

## ■10.3.2　线程让步yield( )

调用yield()方法可以实现线程让步，与sleep()类似，它也会暂停当前正在执行的线程，让当前线程交出CPU权限，但yield()方法只能让拥有相同优先级或更高优先级的线程有获取CPU执行的机会。如果可运行线程队列中的线程的优先级都没有当前线程的优先级高，则当前线程会继续执行。

调用yield()方法并不会让线程进入阻塞状态，而是让线程重回可运行状态，它只需要等待重新获取CPU的执行时间，这和sleep()方法不一样。

yield()方法是Thread类声明的静态方法，它的声明格式如下：

```
public static void yield()
```

【示例10-3】演示yield()方法的用法。

在主线程中创建两个子线程对象，然后启动它们，使其并发执行；在子线程的run()方法

中，每个线程循环9次，每循环3次输出1行，通过调用yield()方法实现两个子线程交替输出信息。代码如下：

```java
public class ThreadYield implements Runnable {
    String str = "";
    public void run() {
        for (int i = 1; i <= 9; i++) {
            //获取当前线程名和输出编号
            str += Thread.currentThread().getName() + "-----" + i + "    ";
            //当满3条信息时，输出信息内容，并让出CPU
            if (i % 3 == 0) {
                System.out.println(str);          //输出线程信息
                str = "";
                Thread.currentThread().yield();   //当前线程让出CPU
            }
        }
    }
    public static void main(String[] args) {
        ThreadYield ty1 = new ThreadYield();      //实例化ThreadYield对象
        ThreadYield ty2 = new ThreadYield();      //实例化ThreadYield对象
        Thread threada = new Thread(ty1, "线程A"); //通过ThreadYield对象创建线程
        Thread threadb = new Thread(ty2, "线程B");//通过ThreadYield对象创建线程
        threada.start();                          //启动线程threada
        threadb.start();                          //启动线程threadb
    }
}
```

程序运行结果如图10-4所示。

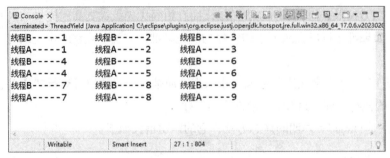

图 10-4　程序运行结果

重复运行上面的程序，输出的顺序可能会不一样，说明通过yield()来控制线程的执行顺序是不可靠的，后面会介绍通过线程的同步机制来控制线程之间的执行顺序。

## ■10.3.3 线程协作join( )

若一个线程运行到某一个点时，需要等待另一个线程运行结束后才能继续运行，此时可以通过调用另一个线程的join()方法来实现。在很多情况下，主线程创建并启动了子线程，如果子线程中要进行大量耗时的运算，主线程往往将早于子线程结束之前结束。这时，如果主线程想等待子线程执行完成之后，获取这个子线程运算的结果数据并输出，那么主线程中就需要调用子线程对象的join()方法来实现。

Thread类中的join()方法的声明格式如下：

```
public final void join() throws InterruptedException
```

该方法将使当前线程进入等待状态，直到被join()方法加入的线程运行结束后再恢复执行。由于该方法被调用时可能抛出一个InterruptedException异常，因此在调用它的时候需要将它放在try…catch语句中。

## ■10.3.4 线程的优先级

在Java程序中，每一个线程都对应一个优先级。优先级高的线程获得较多的运行机会，优先级低的并非没机会执行，只不过优先级低的线程获得运行的机会少一些。

线程的优先级用1～10之间的整数表示，数值越大，优先级越高，线程默认的优先级为5。为此，Thread类中定义了3个常量，分别表示最高优先级、最低优先级和默认优先级。

- **static int MAX_PRIORITY**：线程可以具有的最高优先级，值为10。
- **static int MIN_PRIORITY**：线程可以具有的最低优先级，值为1。
- **static int NORM_PRIORITY**：分配给线程的默认优先级，值为5。

在一个线程中开启另外一个新线程，则新开启的线程称为该线程的子线程。子线程初始优先级与父线程相同，也可以通过调用线程对象的setPriority()方法设置线程的优先级。setPriority()方法是Thread类的成员方法，它的声明格式为：

```
public final void setPriority(int newPriority)
```

Thread类还有一个getPriority()方法，用来得到线程当前的优先级，该方法也是Thread类的成员方法，调用它将返回一个整数值。getPriority()方法的声明格式如下：

```
public final int getPriority()
```

【示例10-4】线程优先级演示。代码如下：

```java
public class ThreadPriority implements Runnable {
    int count = 0;
    int num = 0;
```

```
public void run() {
    for (int i = 0; i < 10000; i++) {
        count++;                                    //统计循环执行的次数
        num = 0;
        for (int j = 0; j < 10000000; j++) {
            num++;                                  //执行num加1操作，仅仅是为了消磨时间
        }
    }
}
public static void main(String[] args) {
    ThreadPriority tp1 = new ThreadPriority();      //实例化一个ThreadPrority对象
    ThreadPriority tp2 = new ThreadPriority() ;     //实例化一个ThreadPrority对象
    ThreadPriority tp3 = new ThreadPriority();      //实例化一个ThreadPrority对象
    Thread ta = new Thread(tp1, "奔驰");            //通过tp1对象创建一个线程
    Thread tb = new Thread(tp2, "奥迪");            //通过tp2对象创建一个线程
    Thread tc = new Thread(tp3, "奥拓");            //通过tp3对象创建一个线程
    ta.setPriority(Thread.MAX_PRIORITY);           //设置线程为最大优先级
    tb.setPriority(Thread.NORM_PRIORITY);          //设置线程为正常优先级
    tc.setPriority(Thread.MIN_PRIORITY);           //设置线程为最低优先级
    System.out.println(ta.getName() + "优先级:" + ta.getPriority());    //显示优先级
    System.out.println(tb.getName() + "优先级:" + tb.getPriority());    //显示优先级
    System.out.println(tc.getName() + "优先级:" + tc.getPriority());    //显示优先级
    tc.start();    //启动线程
    tb.start();    //启动线程
    ta.start();    //启动线程
    try {
        Thread.currentThread().sleep(500);    //主线程睡眠500 ms
    } catch (InterruptedException e) {
        e.printStackTrace();
    }
    System.out.println(ta.getName()+":" + tp1.count + ","+tb.getName()+":" + tp2.count +","+tc.getName()+
":" + tp3.count);    //输出3个子线程外循环分别执行了多少次
    }
}
```

程序运行结果如图10-5所示。

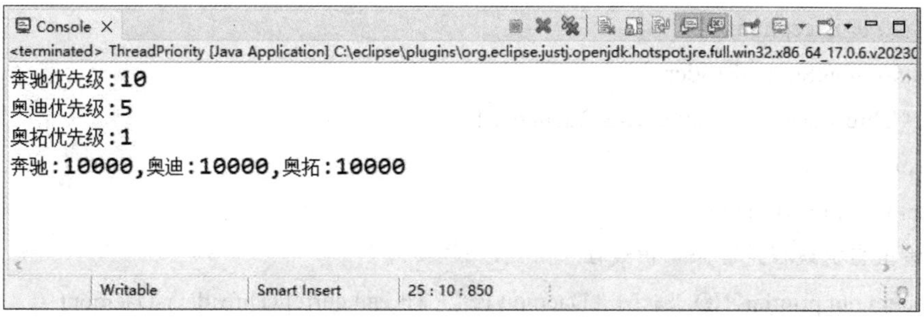

图 10-5　程序运行结果

从运行结果可以看出，优先级高的线程只是意味着该线程获取CPU的概率相对高一些，并不是说高优先级的线程一直在运行。

线程优先级对于不同的线程调度器可能有不同的含义，这和操作系统及虚拟机的版本有关。不同的系统有不同的线程优先级的取值范围，但是Java定义了10个级别（1～10），这样就有可能出现下面的情况：几个线程在一个操作系统里有不同的优先级，在另一个操作系统里却有相同的优先级。当设计多线程应用程序的时候，一定不要依赖于线程的优先级。因为线程调度按优先级操作是没有保障的，只能把线程优先级作为一种提高程序效率的方法，但是要保证程序不依赖这种操作。

# ■10.3.5　守护线程

在Java程序中，可以把线程分为两类：用户线程（User Thread）和守护线程（Daemon Thread）。守护线程也叫后台线程，用户线程就是前面所说的一般线程，它负责处理具体的业务；守护线程往往为其他线程提供服务，这类线程可以监视其他线程的运行情况，也可以处理一些相对不太紧急的任务。在一些特定的场合，经常会通过设置守护线程的方式来配合其他线程一起完成特定的功能，如JVM的垃圾回收线程，就是典型的守护线程。

守护线程依赖于创建它的线程，而用户线程则不依赖。例如，若在主线程中创建了一个守护线程，当main()方法运行完毕之后，守护线程也会随着消亡，而用户线程则不会，用户线程会一直运行，直到它运行完毕。

用户线程创建的子线程默认是用户线程，可通过线程对象的setDaemon()方法来设置一个线程是用户线程或守护线程，但不能把正在运行的用户线程设置为守护线程。setDaemon(true)必须在start()方法之前调用，否则会抛出IllegalThreadStateException异常。通过线程对象的isDaemon()方法，还可查看一个线程是不是守护线程。如果是守护线程，那么它创建的线程也是守护线程。

【示例10-5】编写程序，演示后台线程的用法。

在主线程中创建一个子线程，子线程负责输出10行信息。如果把子线程设置成用户线程，则当主线程终止时，子线程会继续运行到结束；如果把子线程设置为守护线程，则当主线程终止时，守护线程也会随主线程自动终止。代码如下：

```
import java.io.BufferedReader;
import java.io.IOException;
import java.io.InputStreamReader;
public class ThreadDaemon implements Runnable {
    public void run() {
        for (int i = 0; i < 10; i++) {
            // 输出当前线程是否为守护线程
            System.out.println("NO. " + i + " Daemon is " + Thread.currentThread().isDaemon());
            try {
                Thread.sleep(1);     //线程睡眠1 ms
            } catch (InterruptedException e) {
            }
        }
    }
    public static void main(String[] args) throws IOException {
        System.out.println("Thread's daemon status,yes(Y) or no(N): "); //输出提示信息
        // 建立缓冲字符流
        BufferedReader stdin = new BufferedReader(new InputStreamReader(System.in));
        String str;
        str = stdin.readLine(); // 从键盘读取一个字符串
        ThreadDaemon td = new ThreadDaemon();          //创建ThreadDaemon对象
        Thread th = new Thread(td);          //创建线程对象
        if (str.equals("yes") || str.equals("Y")) {
            th.setDaemon(true); // 设置该线程为守护线程
        }
        th.start();     //启动线程
        System.out.println("主线程即将结束!");
    }
}
```

程序运行结果如图10-6所示。

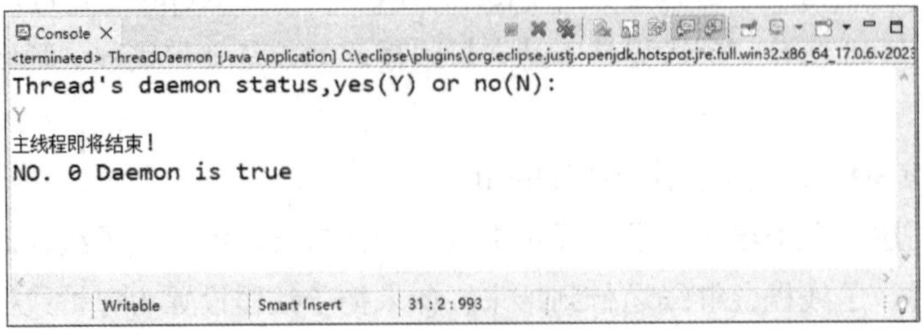

图 10-6　程序运行结果

运行程序，从键盘输入一个字符串"yes"或者字母"Y"的时候，程序将创建一个守护线程。紧接着主线程执行结束，守护线程也随之终止，此时在线程的run()方法中循环语句刚开始执行就结束了，这就说明守护线程随用户线程结束而结束。如果从键盘输入一个字符串"no"或者字母"N"，那么程序将创建一个用户线程。这时不管主线程是否结束，该用户线程都要执行10次循环，输出的线程状态是Daemon is false，这也说明了该线程不是守护线程，它在主线程结束之后继续运行直到run()方法执行结束为止。

## 10.4 线程的同步

在多线程的程序中，有多个线程并发运行，这多个并发执行的线程往往不是孤立的，它们之间可能会共享资源，也可能要相互合作完成某一项任务。如何使多个并发执行的线程之间在执行的过程中不产生冲突，是多线程编程必须解决的问题，否则可能导致程序运行的结果不正确，甚至造成死锁问题。

线程的同步是Java多线程编程的难点，开发者往往搞不清楚什么是竞争资源、什么时候需要考虑同步、怎样实现同步等问题，并且这些问题也没有很明确的答案，只是有些原则问题需要考虑到，即是否有竞争资源被同时改动的问题。

### ■10.4.1 多线程引发的问题

有时候，在进行多线程的程序设计中需要实现多个线程共享同一段代码，以实现共享同一个私有成员或类的静态成员的目的。这时，由于线程和线程之间互相竞争CPU资源，使得线程无序地访问这些共享资源，最终可能导致无法得到正确的结果，这种问题通常称为线程安全问题。下面以一个共享数据对象的例子来说明多线程可能引发的问题。

【示例10-6】在主线程中通过同一个Runnable对象创建10个线程对象，这10个线程共享Runnable对象的成员变量num，在线程中通过循环实现对成员变量num加1 000的操作，10个子线程运行过之后，显示相加的结果。代码如下：

```java
public class ThreadUnsafe {
    public static void main(String argv[]) {
        ShareData shareData = new ShareData();    //实例化shareData对象
        for (int i = 0; i < 10; i++) {
            new Thread(shareData).start(); //通过shareData对象创建线程并启动
        }
    }
}
class ShareData implements Runnable {
    public int num = 0;  //记数变量
    private void add(){
        int temp;    //临时变量
```

```
//循环体实现的是变量num加1的操作，使用变量temp是为了增加线程切换的概率
for (int i = 0; i < 1000; i++) {
    temp = num;
    temp++;
    num = temp;
}
//输出线程信息和当前num的值
System.out.println(Thread.currentThread().getName() + "-" + num);
}
public void run() {
    add();    //调用add()方法
}
}
```

运行程序，运行结果如图10-7所示。

图 10-7　程序运行结果

　　由于线程的并发执行，多个线程对共享变量num进行修改，导致每次运行输出的内容都不一样，很少会出现线程输出10 000的结果。为了解决这一类问题，必须要引入同步机制，那么什么是同步，如何实现在多线程访问同一资源的时候保持同步呢？Java中提供了"锁"的机制来实现线程的同步。锁的机制要求：每个线程在进入共享代码之前都要取得锁，否则不能进入，而退出共享代码之前则要释放该锁，这样就防止了多个线程竞争共享代码的情况，从而解决了线程不同步的问题。

　　Java的同步机制可以通过对关键代码（指共享代码）段使用synchronized关键字来实现针对该代码段的同步操作。Java中实现同步的方式有两种，一种是利用同步代码块来实现，一种是利用同步方法来实现。

## ■10.4.2　同步代码块

　　Java虚拟机为每个对象配备一把锁和一个等候集，这个对象可以是实例对象，也可以是类对象。对实例对象加锁，可以保证与这个实例对象相关联的线程可以互斥地使用对象的锁；对

类对象加锁，可以保证与这个类相关联的线程可以互斥地使用类对象的锁。通过new关键字创建实例对象，从而获得实例对象的引用；要获得类对象的引用，需要通过java.lang.Class类的forName()成员方法。forName()方法的声明格式如下：

public static Class forName(String className) throws ClassNotFoundException

一个类的静态成员变量和静态成员方法隶属于类对象，而一个类的非静态成员变量和非静态成员方法属于类的实例对象。

在一个方法中，用关键字synchonized声明的语句块称为同步代码块，同步代码块的语法格式如下：

```
synchronized(synObject)
{
// 关键代码
}
```

synchronized块是这样一个代码块，其中的代码必须获得对象synObject的锁才能执行。当一个线程欲进入该对象的关键代码时，JVM将检查该对象的锁是否被其他线程获得，如果没有，则JVM会把该对象的锁交给当前请求锁的线程，该线程获得锁后才可以进入关键代码区域。

【示例10-7】构建了一个信用卡账户，起初信用额为10 000，然后模拟透支、存款等多个操作。

显然银行账户User对象是个竞争资源，应该把修改账户余额的语句放在同步代码块中，并将账户余额设为私有变量，禁止直接访问。代码如下：

```
public class CreditCard {
    public static void main(String[] args) {
        // 创建一个用户对象
        User u = new User("张三", 10000);
        // 创建6个线程对象
        UserThread t1 = new UserThread("线程A", u, 200);
        UserThread t2 = new UserThread("线程B", u, -600);
        UserThread t3 = new UserThread("线程C", u, -800);
        UserThread t4 = new UserThread("线程D", u, -300);
        UserThread t5 = new UserThread("线程E", u, 1000);
        UserThread t6 = new UserThread("线程F", u, 200);
        // 依次启动线程
        t1.start();
        t2.start();
```

```
        t3.start();
        t4.start();
        t5.start();
        t6.start();
    }
}
class UserThread extends Thread {
    private User u;      //创建一个User对象
    private int y = 0;
    //构造方法，初始化成员变量
    UserThread(String name, User u, int y) {
        super(name);     //调用父类的构造方法，设置线程名
        this.u = u;
        this.y = y;
    }
    public void run() {
        u.oper(y);       //调用User对象的oper()方法操作共享数据
    }
}
class User {
    private String code;// 用户卡号
    private int cash;  // 用户卡上余额
    User(String code, int cash) {
        this.code = code;
        this.cash = cash;
    }
    public String getCode() {
        return code;
    }
    public void setCode(String code) {
        this.code = code;
    }
    // 存取款操作方法
    public void oper(int x) {
        try {
            Thread.sleep(10);
            // 把修改共享数据的语句放在同步代码块中
            synchronized (this) {
```

```
        this.cash += x;
        System.out.println(Thread.currentThread().getName() + "运行结束，增加"" + x + """，当前
用户账户余额为："+ cash);
        }
        Thread.sleep(10);   //线程睡眠10 ms
    } catch (InterruptedException e) {
        e.printStackTrace();
    }
}
public String toString() {
    return "User{" + "code='" + code + "\" + ", cash=" + cash + '}';
}
}
```

程序运行结果如图10-8所示。

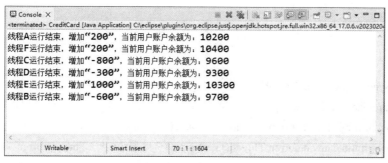

图 10-8　程序运行结果

在使用synchronized关键字时候，应该尽可能避免在synchronized()方法或synchronized块中使用sleep()或者yield()方法，因为当synchronized程序块占有着对象锁时，它休息则其他的线程只能等着它醒来执行完了才能执行，这样不但严重影响效率，也不合逻辑。同样，在同步代码块内调用yield()方法让出CPU资源也没有意义，因为代码块占用锁时，其他互斥线程是无法访问同步代码块的。

# ■10.4.3　同步方法

同步方法和同步代码块的功能是一样的，都是利用互斥锁来实现关键代码的同步访问，只不过通常关键代码就是一个方法的方法体，此时只需要调用synchronized关键字修饰该方法即可。一旦被synchronized关键字修饰的方法被一个线程调用，所有其他试图调用同一实例中的该方法的线程就都必须等待，直到该方法被调用结束后释放其锁给下一个等待的线程。

通过在方法声明中加入synchronized关键字来声明synchronized方法。例如：

public synchronized void accessVal(int newVal)

这种机制确保了同一时刻对于每一个对象，其所有声明为synchronized的成员方法中至多只有一个处于可执行状态。因为至多只有一个能够获得该类实例对应的锁，从而有效避免了类成员变量的访问冲突。

在Java中，不仅仅是类实例，每一个类也对应一把锁，因此也可将类的静态成员方法声明为synchronized，以控制其对类的静态成员变量的访问。

【示例10-8】在主线程中通过同一个Runnable对象创建两个线程对象，这个Runnable对象中有一个同步方法，实现的是输出线程信息：当一个线程输出完之后，另一个线程才能开始输出信息。在主线程中启动这两个线程，实现对同步方法的调用。代码如下：

```java
public class PrintThread{
    private String name;
    public static void main(String[] args) {
        MethodSync ms=new MethodSync(); //实例化MethodSync对象
        Thread t1 = new Thread(ms,"线程A"); //通过MethodSync对象创建线程
        Thread t2 = new Thread(ms,"线程B"); //通过MethodSync对象创建线程
        t1.start();    //启动线程
        t2.start();    //启动线程
    }
}
class MethodSync  implements Runnable {
    public synchronized void show() {
        System.out.println(Thread.currentThread().getName() + " 同步方法开始");
        System.out.println(Thread.currentThread().getName()+"优先级: " + Thread.currentThread().
getPriority());
        System.out.println(Thread.currentThread().getName()+"其他信息......");
        System.out.println(Thread.currentThread().getName() + " 同步方法结束");
    }
    public void run() {
        show();    //调用show()方法显示线程的相关信息
    }
}
```

同步是一种高开销的操作，因此应该尽量减少同步的内容，尽量少使用synchronized设置大的同步方法。一般情况没有必要同步整个方法，使用synchronized代码块同步关键代码即可。

## ■10.4.4  线程间通信

多个并发执行的线程，如果它们只是竞争资源，可以采取synchronized设置同步代码块来实现对共享资源的互斥访问。如果多个线程之间在执行的过程中有次序上的关系，多个线程之间必须进行通信，相互协调来共同完成一项任务。例如，经典的生产者和消费者问题：生产者

和消费者共享存放产品的仓库，如果仓库为空时，消费者无法消费产品，当仓库满的时候，生产者就会因产品没有空间存放而无法继续生产产品。

Java提供了3个方法来解决线程间的通信问题，分别是wait()、notify()和notifyAll()，它们都是Object类的final方法。这3个方法只能在synchronized关键字作用的范围内使用，并且是同一个同步问题中搭配使用这3个方法时才有实际的意义。调用wait()方法可以使调用该方法的线程释放共享资源的锁，从可运行状态进入等待状态，直到被再次唤醒。调用notify()方法可以唤醒等待队列中第1个等待同一共享资源的线程，并使该线程退出等待队列，进入可运行状态。调用notifyAll()方法可以使所有正在等待队列中等待同一共享资源的线程从等待状态退出，进入可运行状态，此时，优先级最高的那个线程最先执行。

notify()和notifyAll()这两个方法都是把某个对象等待队列中的线程唤醒，notify()只能唤醒一个，但究竟是哪一个不能确定，而notifyAll()则唤醒这个对象的等待队列中的所有线程。为了安全性，大多数时候应该使用notifyAll()，除非明确知道只唤醒其中的一个线程。

【示例10-9】模拟生产者和消费者的关系。生产者在一个循环中不断生产从A～G的共享数据，而消费者则不断地消费生产者生产的A～G的共享数据。在这一对关系中，必须先有生产者生产，才能有消费者消费。为了解决这一问题，引入了等待通知〔wait()/notify()〕机制，这一机制的描述如下：

● 在生产者没有生产之前，通知消费者等待；在生产者生产之后，马上通知消费者消费。

● 在消费者消费之后，通知生产者已经消费完，需要生产。

代码如下：

```java
class ShareStore {
    private char c;
    private boolean writeable = true; // 通知变量
    public synchronized void setShareChar(char c) {
        if (!writeable) {
            try {
                wait(); // 未消费等待
            } catch (InterruptedException e) {
            }
        }
        this.c = c;
        writeable = false;      // 标记已经生产
        notify();               // 通知消费者已经生产，可以消费
    }
    public synchronized char getShareChar() {
        if (writeable) {
```

```
        try {
            wait();                    // 未生产等待
        } catch (InterruptedException e) {

        }
    }
    writeable = true;                  // 标记已经消费
    notify();                          // 通知需要生产
    return this.c;
    }
}
// 生产者线程
class Producer extends Thread {
    private ShareStore s;
    Producer(ShareStore s) {
        this.s = s;
    }
    public void run() {
        for (char ch = 'A'; ch <= 'G'; ch++) {
            try {
                Thread.sleep((int) Math.random() * 400);    //睡眠一个随机时间
            } catch (InterruptedException e) {

            }
            s.setShareChar(ch);                             //生产一个新产品
            System.out.println(ch + " producer by producer.");
        }
    }
}
// 消费者线程
class Consumer extends Thread {
    private ShareStore s;
    Consumer(ShareStore s) {
        this.s = s;
    }
    public void run() {
        char ch;
        do {
            try {
```

```
        Thread.sleep((int) Math.random() * 400);        //睡眠一个随机时间
    } catch (InterruptedException e) {
    }
    ch = s.getShareChar();                              //消费一个新产品
    System.out.println(ch + " consumer by consumer.**");
    } while (ch != 'G');
  }
}
public class ProducerConsumer {
  public static void main(String argv[]) {
    ShareStore s = new ShareStore();                    //实例化一个ShareStore对象
    new Consumer(s).start();
    new Producer(s).start();
  }
}
```

在上面的例子中，设置了一个通知变量writeable，每次在生产者生产和消费者消费之前，都测试该通知变量，检查是否可以生产或消费。最开始设置通知变量为true，表示还未生产，在这时候，消费者需要消费，于是修改了通知变量，调用notify()发出通知。这时由于生产者得到通知，生产出第1个产品，修改通知变量，向消费者发出通知。如果此时生产者想要继续生产，但因为检测到通知变量为false，得知消费者还没有消费，所以调用wait()进入等待状态。因此，最后的结果是，生产者每生产一个，就通知消费者消费一个；消费者每消费一个，就通知生产者再生产一个，所以不会出现未生产就消费或生产过剩的情况。

## 课后练习

练习1：

编写一个程序，启动3个线程。线程每次被调度时，就在控制台中显示其被调度的次数。

练习2：

创建两个线程，其中一个输出1～52，另外一个输出A～Z，两个线程交替执行，并在控制台输出如下格式的内容：

12A 34B 56C 78D...4920Y 5152Z

# 第 **11** 章
# 综合案例：
# 即时聊天系统的开发

## 内容概要

　　随着网络技术的飞速发展，网络对社会生产、生活方面的影响越来越大，其中，人们相互之间的交流方式发生了很大的变化，即时聊天软件成为目前大家经常使用的网络通信交流方式。本章将带领读者设计一个即时聊天软件，本软件由客户端程序和服务器端程序两部分组成，客户端和服务器端通过Socket实现通信。在这个即时聊天系统中，包括注册用户、添加好友、删除好友、与好友之间进行消息通信等功能。

# 11.1 需求分析

需求分析在系统开发过程中有着非常重要的地位，它的好坏直接关系到系统的开发成本、开发周期及系统质量。需求分析是系统设计的第一步，是整个系统开发成功的基础。详细周全的需求分析既可以减少系统开发中的错误，又可以降低修复错误的费用，从而大大减少系统的开发成本，缩短系统的开发周期。需求分析的任务不是确定系统"怎样做"的工作，而仅仅是确定系统需要"做什么"的问题，也就是对目标系统提出完整、准确、清晰、具体的要求。开发人员通过需求文档可以了解将要实现的系统所应具备的功能、特点和其他问题，而客户通过需求文档可以了解实现的软件是否满足其需求，并对需求进行确认和修改。最终的需求分析将作为该项目进行系统设计、详细设计的依据。

## ■11.1.1 需求描述

从网络聊天用户的实际出发，即时聊天系统应具有即时、快速和方便的特点。即时聊天系统一般由服务器端和客户端两部分组成。服务器端要实现建立与客户端的连接与断开功能；能即时地接收、处理和转发接收到的数据；能及时地通知在线用户当前好友在线状况；能够对用户和数据进行管理。客户端应实现与服务器端的连接；能正确获取和显示当前好友在线情况；能够与特定好友进行聊天通信；能及时接收服务器端的数据并进行处理，并能将处理结果反馈给用户。

服务器端的功能包括：

（1）服务器控制器开启服务，开启服务后客户端才能登录服务器。

（2）在设定的端口监听，等待用户的连接。

（3）建立与客户端的连接，并能通知其他好友用户。

（4）向新登录系统的好友发出已上线的好友名单。

（5）接收客户端的消息请求，对消息进行正确的解析，并转发消息到客户端。

（6）服务器端能够显示当前在线人数。

（7）当客户端断开与服务器的连接时，服务器能够通知其他好友用户。

（8）服务器端可以向所有客户端发送系统消息。

客户端的功能包括：

（1）客户端可以设定连接服务器的IP地址和端口。

（2）用户可以打开客户端自行注册用户。

（3）用户可以用注册过的账号登录系统并建立与服务器的连接。

（4）添加、删除好友。

（5）能够看到当前好友在线状态。

（6）能够向指定好友发出消息，能够及时接收好友消息并通知用户。

（7）对好友进行分组。

（8）好友之间可以进行文件传输。

## ■11.1.2 功能需求用例图

用例图描述的是参与者所理解的系统功能，主要元素是用例和参与者，它能够帮助开发团队以一种图形化的方式理解系统的功能需求。设计用例图处于分析用户需求的阶段，此时不用考虑系统的功能如何实现，只需形象化地表述出项目的功能即可。

客户端用户总体用例图如图11-1所示。

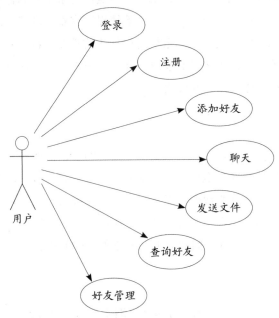

图 11-1　客户端用户总体用例图

**1. 用户注册**

用户第一次使用本系统时，可以单击登录窗口中的注册账号链接注册新用户。用户注册用例图如图11-2所示。

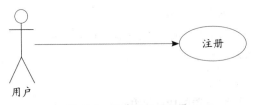

图 11-2　用户注册用例图

用例描述：用户按照相关提示信息进行正确的填写，以完成申请账号并获得账号。

参与者：用户。

执行者：用户。

前置条件：需要有固定的电子邮箱，并拥有一台可以连入网络的机器终端。

事件流：

（1）按【Tab】键，光标可在注册窗口中进行切换。

（2）系统测试用户输入是否符合要求，测试输入是否有误。

（3）系统测试用户两次输入的密码是否一样。

（4）当用户正确输入全部资料信息后，单击"确定"按钮，用户便会得到相应的账号。

（5）用户注册成功后，可以通过注册的账号登录客户端。

后置条件：用户单击"返回"按钮，注册窗口关闭，返回登录窗口。

### 2. 用户登录

系统启动，默认进入登录窗口，已经拥有账号的用户可以直接输入账号、密码进行登录。只有在账号、密码由服务器验证通过后才可正确登录系统。用户登录用例图如图11-3所示。

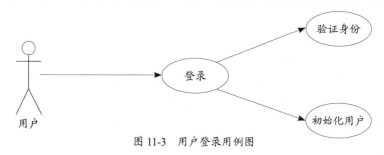

图 11-3　用户登录用例图

用例描述：输入正确账号和密码显示登录成功，输入错误账号和密码显示登录失败。

参与者：用户。

执行者：用户。

前置条件：开启程序，进入系统登录界面。

事件流：

（1）打开登录窗口。

（2）输入正确的账号和密码，单击"登录"按钮，用户登录成功。

（3）输入未注册的账号、错误账号或密码，单击"登录"按钮，提示登录失败。

后置条件：无论用户输入任何信息，单击"关闭"按钮，关闭此窗口，退出软件。

### 3. 刷新好友列表

当用户登录客户端之后，就可以看到好友列表，用户可通过按钮选择只显示在线好友还是显示全部好友，这时会刷新好友列表。刷新好友列表用例图如图11-4所示。

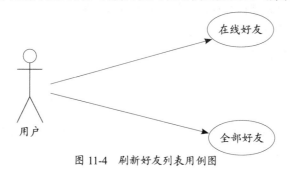

图 11-4　刷新好友列表用例图

用例描述：输入正确账号和密码登录系统，单击"显示在线好友"按钮，好友列表中只显示在线好友；单击"显示全部好友"按钮，好友列表中显示全部好友信息。

参与者：用户。

执行者：用户。

前置条件：正确登录系统，进入客户端主窗口。

事件流：

（1）进入客户端主窗口。

（2）单击"显示在线好友"按钮，刷新好友列表，只显示在线好友列表信息。

（3）单击"显示全部好友"按钮，刷新好友列表，显示全部的好友列表信息。

后置条件：无。

### 4. 添加好友

单击"添加好友"按钮，打开添加好友窗口，在添加好友窗口中查找要添加的好友，输入添加好友信息，然后向对方发送添加好友请求。添加好友用例图如图11-5所示。

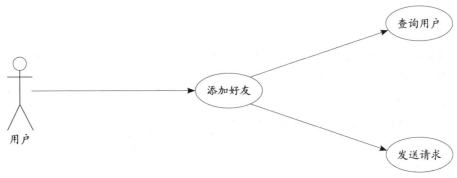

图 11-5　添加好友用例图

用例描述：根据查找的结果添加用户到好友列表，发送添加好友请求。

参与者：用户。

执行者：用户。

前置条件：正确登录软件并进入添加模块。

事件流：

（1）若添加陌生人可先进行查找再添加，或者直接添加。

（2）若已知对方账号可直接添加好友。

（3）添加成功后，更新好友列表。

后置条件：无。

### 5. 好友管理

在好友列表中，用户可以对选定的好友执行删除、改变分组、拉入黑名单和查看聊天记录等操作。好友管理用例图如图11-6所示。

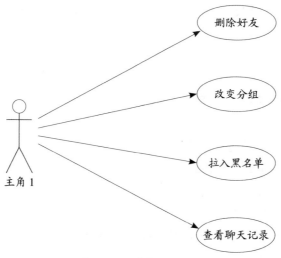

图 11-6　好友管理用例图

用例描述：用户可以对好友执行删除、改变分组、拉入黑名单和查看聊天记录等操作。

参与者：用户。

执行者：用户。

前置条件：正确登录系统，并显示出好友列表。

事件流：

（1）进入客户端主窗口，在好友列表中，右键单击好友，选择相应操作。

（2）单击"删除好友"项，则好友从好友列表中删除。

（3）单击"改变好友分组"项，则弹出窗口让用户选择分组。

（4）单击"拉入黑名单"项，则把好友加入到黑名单中。

（5）单击"查询聊天记录"项，则弹出聊天记录窗口，显示与该好友的聊天信息。

（6）完成操作后，列表更新。

后置条件：无。

## 6. 聊天

用户可以选择自己的一个好友，进入聊天窗口进行聊天，关闭与一个好友的聊天窗口之后会回到客户端主窗口。聊天用例图如图11-7所示。

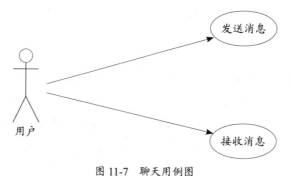

图 11-7　聊天用例图

用例描述：用户可以根据自己的需要选择好友进行聊天。在此模块中，用户可以发送信息、接收信息。

参与者：用户。

执行者：用户。

前置条件：正确登录系统，并打开聊天窗口。

事件流：

（1）发送的信息能正确到达对方窗口。

（2）接收的信息能正确显示在窗口。

（3）当聊天结束，关闭窗口终止聊天。

（4）发送信息不能为空。

后置条件：关闭聊天窗口，回到客户端主窗口，等待其他操作。

# 11.2　系统设计

系统设计其实就是系统建立的过程。根据前期所做的需求分析的结果，对整个系统进行设计，如系统框架结构设计、数据库设计等。

## ■11.2.1　系统的拓扑结构

本聊天系统采用客户端/服务器（client/server, C/S）模式来设计，是一个三层的C/S结构：数据库服务器→应用程序服务器端→应用程序客户端。本系统包含两个子系统：客户端子系统和服务器端子系统。系统的拓扑结构如图11-8所示。

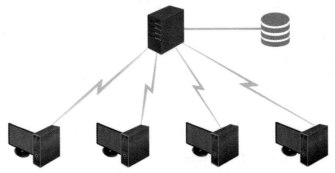

图 11-8　系统的拓扑结构图

## ■11.2.2　系统的功能结构

利用层次图可表示系统中各模块之间的关系。层次方框图是用树形结构的一系列多层次的矩形框描绘数据的层次结构。树形结构的顶层是一个单独的矩形框，它代表完整的数据结构，下面的各层矩形框代表各个数据的子集，最底层的各个矩形框代表组成这个数据的实际数据元素。随着结构的精细化，层次方框图对数据结构也描绘得越来越详细。从对顶层信息的分类开始，沿着图中每条路径反复细化，直到确定了数据结构的全部细节为止。

即时聊天系统的功能结构图如图11-9所示。

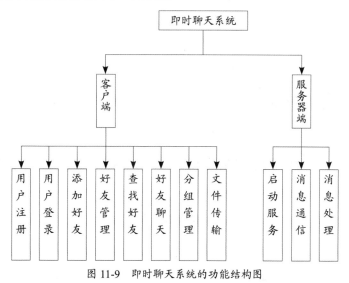

图 11-9 即时聊天系统的功能结构图

# 11.3 数据库与数据表设计

数据库设计是信息系统开发和建设中的核心任务，数据库设计的好坏将直接影响应用系统的效率以及实现效果。数据库如果设计不当，系统运行当中会产生大量的冗余数据，从而造成数据库的极度膨胀，严重影响系统的运行效率，甚至造成系统崩溃。

## 11.3.1 数据库概念设计

在数据库概念结构设计阶段，将从用户需求的观点描述数据库的全局逻辑结构。概念模型的表示方法有很多，目前常用的是实体-联系方法，也称E-R方法，它提供了表示实体型、属性和联系的方法。该方法用E-R图来描述现实世界的概念模型。

下面给出即时聊天系统中各实体的E-R图。

用户实体的信息主要包括账号、密码、用户名、昵称、电话、电子邮箱等，其E-R图如图11-10所示。

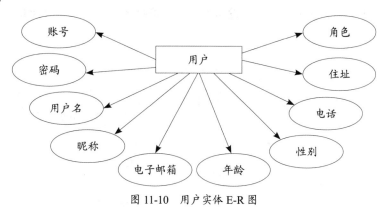

图 11-10 用户实体 E-R 图

用户分组信息实体比较简单，只包含组编号和组名，其E-R图如图11-11所示。

图 11-11　分组信息实体 E-R 图

　　添加好友记录实体主要包括请求用户账号、被请求用户账号、组编号和备注等，其E-R图如图11-12所示。

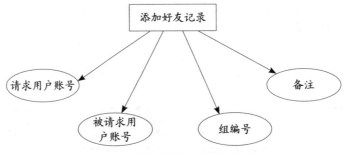

图 11-12　添加好友记录实体 E-R 图

好友信息实体主要包括用户账号、好友账号、组编号和备注等信息，其E-R图如图11-13所示。

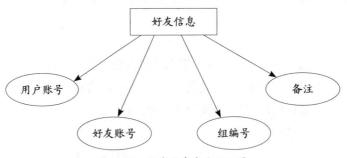

图 11-13　好友信息实体 E-R 图

　　聊天消息实体主要包括消息编号、发送者账号、接收者账号、发送时间和消息内容等，其E-R图如图11-14所示。

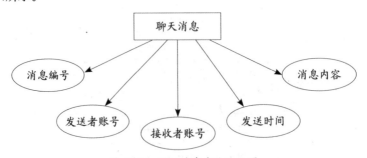

图 11-14　聊天消息实体 E-R 图

用户角色实体比较简单，只包含角色编号和角色名，其E-R图如图11-15所示。

图 11-15 用户角色实体 E-R 图

## ■11.3.2 数据库物理设计

数据库物理设计主要解决数据库文件存储结构和确定文件存取方法的问题，其内容包括：选择存储结构、确定存取方法、选择存取路径、确定数据的存放位置。在数据库中，数据访问路径主要体现在如何建立索引。数据库的物理实现取决于特定的数据库管理系统（database management system, DBMS），在规划存储结构时主要应考虑存取时间和存储空间，这两者通常是互相矛盾的，要根据实际情况决定。

在即时聊天系统中共设计了用户信息表（user）、用户分组信息表（user_group）、添加好友记录表（add_info）、好友信息表（friendship）、聊天消息表（chat_log）、用户角色表（roles）等6个数据表。下面给出各数据表的结构，如表11-1~表11-6所示。

**表 11-1 用户信息表（user）**

| 字段名 | 数据类型 | 可否为空 | 长度 | 描述 |
|---|---|---|---|---|
| userid | 字符型 | NOT NULL | 20 | 用户账号，主键 |
| username | 字符型 | NOT NULL | 20 | 用户名 |
| nickname | 字符型 | | 50 | 昵称 |
| telephone | 字符型 | | 20 | 电话 |
| email | 字符型 | | 50 | 电子邮箱 |
| age | 字符型 | | 11 | 年龄 |
| sex | 字符型 | | 2 | 性别 |
| address | 字符型 | | 200 | 住址 |
| roleid | 字符型 | | 20 | 角色编号 |
| question | 字符型 | | 16 | 问题 |
| pass | 字符型 | | 20 | 密码 |
| online | 字符型 | | 2 | 在线状态 |

表 11-2　用户分组信息表（user_group）

| 字段名 | 数据类型 | 可否为空 | 长度 | 描述 |
| --- | --- | --- | --- | --- |
| groupid | 字符型 | NOT NULL | 10 | 组编号，主键 |
| groupname | 字符型 | NOT NULL | 20 | 组名 |

表 11-3　添加好友记录表（add_info）

| 字段名 | 数据类型 | 可否为空 | 长度 | 描述 |
| --- | --- | --- | --- | --- |
| userid | 字符型 | NOT NULL | 20 | 请求用户账号 |
| targetid | 字符型 | NOT NULL | 20 | 被请求用户账号 |
| groupid | 字符型 | | 10 | 组编号 |
| remark | 字符型 | | 100 | 备注 |

表 11-4　好友信息表（friendship）

| 字段名 | 数据类型 | 可否为空 | 长度 | 描述 |
| --- | --- | --- | --- | --- |
| userid | 字符型 | NOT NULL | 20 | 用户账号 |
| friendid | 字符型 | NOT NULL | 20 | 好友账号 |
| groupid | 字符型 | | 10 | 组编号 |
| remark | 字符型 | | 100 | 备注 |

表 11-5　聊天信息表（chat_log）

| 字段名 | 数据类型 | 可否为空 | 长度 | 描述 |
| --- | --- | --- | --- | --- |
| id | 数字型 | | 10 | 消息编号，主键（此编号为流水号） |
| sendid | 字符型 | NOT NULL | 20 | 发送者账号 |
| receiveid | 字符型 | | 20 | 接收者账号 |
| sendtime | 字符型 | | 200 | 发送时间 |
| sendconent | 字符型 | | 200 | 消息内容 |

表 11-6　用户角色表（roles）

| 字段名 | 数据类型 | 可否为空 | 长度 | 描述 |
| --- | --- | --- | --- | --- |
| roleid | 字符型 | NOT NULL | 20 | 角色编号，主键 |
| rolename | 字符型 | NOT NULL | 20 | 角色名称 |

## 11.4 服务器端程序设计

本节将详细介绍服务器端的程序设计，包括服务器端程序主窗体的设计和服务器端消息处理线程的设计。

### 11.4.1 服务器端程序主窗体的设计

服务器端程序只有一个窗口，在该窗口中可以设定主机名（主机的IP地址）和端口号，以监听客户端的连接，如图11-16所示。

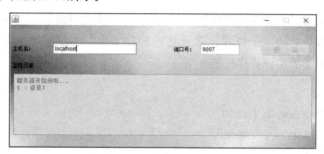

图 11-16 服务器端主窗口

单击"启动"按钮会启动一个ReceiveTwo线程，它负责与客户端进行通信。启动服务器的主要代码如下：

```java
private javax.swing.JButton btnStart;
btnStart = new javax.swing.JButton();
btnStart.setBackground(new java.awt.Color(255, 255, 255));
btnStart.setFont(new java.awt.Font("幼圆", 0, 14)); //设置字体
btnStart.setText("启  动");
btnStart.setOpaque(false);
btnStart.addActionListener(new ActionListener() {
    public void actionPerformed(java.awt.event.ActionEvent evt) {
        btnStartActionPerformed(evt);
    }
});
private void btnStartActionPerformed(ActionEvent evt) {
    // TODO add your handling code here
    try {
        String hostName = txtHostName.getText();
        int hostPort = Integer.parseInt(txtHostPort.getText());
        DatagramSocket serverSocket = new DatagramSocket(hostPort);
        txtArea.append("服务器开始侦听...\n");
        Thread recvThread = new ReceiveTwo(serverSocket, getServerUI());
```

```
      recvThread.start();
   } catch (IOException e){
      JOptionPane.showMessageDialog(null, e.getMessage(), "错误提示", JOptionPane.ERROR_MESSAGE);
   }
   btnStart.setEnabled(false);
}
```

## ■11.4.2  服务器端消息处理线程的设计

服务器端的核心是对应客户的线程，它负责与客户端进行通信。在服务器端窗口中单击
"启动"按钮会创建并启动这个线程，在设定的端口接收客户端的数据并对数据进行解析处
理。ReceiveTwo 线程类的主要程序代码如下：

```java
package cn.edu.zzuli.util;
public class ReceiveTwo extends Thread {
   private DatagramSocket serverSocket;
   private DatagramPacket packet;
   private List<User> userList = new ArrayList<User>();
   private byte[] data = new byte[8096];
   private ServerUI parentUI;
   public ReceiveTwo(DatagramSocket socket, ServerUI parentUI) {
      serverSocket = socket;
      this.parentUI = parentUI;
   }
   @Override
   public void run() {
      while (true) {
         try {
            packet = new DatagramPacket(data, data.length);
            serverSocket.receive(packet);
            //收到的数据转换为消息对象
            Message msg = (Message) Translate.ByteToObject(packet.getData());
            String userId = msg.getUserId();
            String targetId = msg.getTargetId();
            //判断消息类型
            if (msg.getType().equalsIgnoreCase("M_LOGIN")) {
               Message backMsg = new Message();
               backMsg.setType("M_SUCCESS");
               byte[] buf = Translate.ObjectToByte(backMsg);
```

```
DatagramPacket backPacket = new DatagramPacket(buf, buf.length, packet.getAddress(),
    packet.getPort());
serverSocket.send(backPacket);
User user = new User();
user.setUserId(userId);
user.setPacket(packet);
userList.add(user);
parentUI.getArea().append(userId + " : 登录！ \n");
for (int i = 0; i < userList.size(); i++) {
    if (!userId.equalsIgnoreCase(userList.get(i).getUserId())) {
        DatagramPacket oldPacket = userList.get(i).getPacket();
        DatagramPacket newPacket = new DatagramPacket(data,
            data.length, oldPacket.getAddress(), oldPacket.getPort());
        serverSocket.send(newPacket);
    }
    Message other = new Message();
    other.setUserId(userList.get(i).getUserId());
    other.setType("M_ACK");
    byte[] buffer = Translate.ObjectToByte(other);
    DatagramPacket newPacket = new
        DatagramPacket(buffer, buffer.length, packet.getAddress(), packet.getPort());
    serverSocket.send(newPacket);
} // end for
} else if (msg.getType().equalsIgnoreCase("M_MSG")) {
int flag = -1;
for (int i = 0; i < userList.size(); i++) {
    if (userList.get(i).getUserId().equals(targetId)) {
        flag = i;
        break;
    }
}
if (flag == -1) {
System.out.println("----用户"+targetId+"未上线------");
    flag=0;
    for (int i = 0; i < userList.size(); i++) {
        if (userList.get(i).getUserId().equals(userId)) {
            flag = i;
            break;
```

```
            }
        }
        Message other = new Message();
        other.setUserId(userList.get(flag).getUserId());
        other.setTargetId(userList.get(flag).getUserId());
        other.setType("M_MSG");
        other.setText("提醒: 该用户未使用系统上线! ! ! \n");
        System.out.println("----用户"+targetId+"未上线------1");
        byte[] buffer1 = Translate.ObjectToByte(other);
        DatagramPacket oldPacket = userList.get(flag).getPacket();
        DatagramPacket newPacket = new DatagramPacket(buffer1,
            buffer1.length, oldPacket.getAddress(), oldPacket.getPort());
        serverSocket.send(newPacket);
    } else {
        parentUI.getArea().append(userId + " 说: " + msg.getText() + "--->" + targetId + "\n");
        Date day = new Date();
        SimpleDateFormat df = new SimpleDateFormat("yyyy-MM-dd HH:mm:ss");
        ChatLog chatLog = new ChatLog(); //存入聊天记录
        chatLog.setSenderid(userId);
        chatLog.setReceiverid(targetId);
        chatLog.setSendtime(df.format(day));
        chatLog.setSendcontent(msg.getText());
        ChatLogDao.addchatlog(chatLog);
        DatagramPacket oldPacket = userList.get(flag).getPacket();
        DatagramPacket newPacket = new DatagramPacket(data,
            data.length, oldPacket.getAddress(), oldPacket.getPort());
        serverSocket.send(newPacket);
    }
}else if (msg.getType().equalsIgnoreCase("M_CLOSE")) {
    int flag = -1;
    for (int i = 0; i < userList.size(); i++) {
        if (userList.get(i).getUserId().equals(userId)) {
            flag = i;
            break;
        }
    }
    Message other = new Message();
    other.setUserId(userList.get(flag).getUserId());
```

```
                other.setTargetId(userList.get(flag).getUserId());
                other.setType("M_MSG");
                other.setText("STOPTHREAD");
                byte[] buffer1 = Translate.ObjectToByte(other);
                DatagramPacket oldPacket = userList.get(flag).getPacket();
                DatagramPacket newPacket = new DatagramPacket(buffer1,
                    buffer1.length, oldPacket.getAddress(), oldPacket.getPort());
                serverSocket.send(newPacket);
            } else if (msg.getType().equalsIgnoreCase("M_QUIT")) {
                parentUI.getArea().append(userId + "：下线\n");
                for (int i = 0; i < userList.size(); i++) {
                    if (userList.get(i).getUserId().equals(userId)) {
                        userList.remove(i);
                        break;
                    }
                }//end for
                for (int i = 0; i < userList.size(); i++) {
                    DatagramPacket oldPacket = userList.get(i).getPacket();
                    DatagramPacket newPacket = new DatagramPacket(data,
                        data.length, oldPacket.getAddress(), oldPacket.getPort());
                    serverSocket.send(newPacket);
                }
            }
        } catch (IOException | NumberFormatException e) {
        }
    }
}
```

## 11.5　客户端程序设计

本节将详细介绍客户端的程序设计，包括客户端登录、客户端用户注册、客户端主窗口、好友管理、查找好友、好友聊天等内容。

### ■11.5.1　客户端登录

运行客户端程序，首先打开的是登录窗口，如图11-17所示。当正确输入用户名和密码后，单击"登录"按钮，将会把输入的用户名和密码发送到服务器端进行验证，验证无误后，进入客户端主窗口。

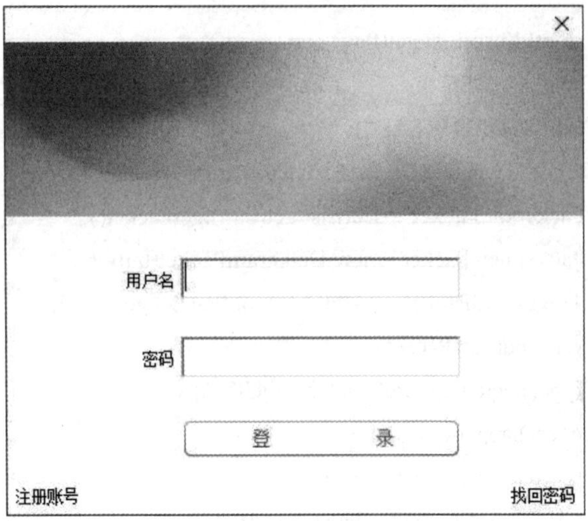

图 11-17　客户端登录窗口

单击"登录"按钮的事件处理程序如下：

```java
private void btnLoginActionPerformed(java.awt.event.ActionEvent evt) {
    try {
        String id = txtUserId.getText();
        String password = String.valueOf(txtPassword.getText());
        if ("".equals(id) ||"".equals(password)||"请输入账号......".equals(id) ||"请输入密码......".equals(password)) {
            JOptionPane.showMessageDialog(null, "账号或密码不能为空！", "错误提示", JOptionPane.
                ERROR_MESSAGE);
            return;
        }
        if(Userdao.getloginrs(id, password)==1){
            if(Userdao.finduserIn(id)==1){
                JOptionPane.showMessageDialog(null, "用户已在线！", "登录失败", JOptionPane.ERROR_
                    MESSAGE);
                return ;
            }
        //获取服务器端口和地址
        String remoteName = "localhost";
        InetAddress remoteAddr = InetAddress.getByName(remoteName);
        int remotePort = Integer.parseInt("9007");
        //创建UDP套接字
        DatagramSocket clientSocket = new DatagramSocket();
        clientSocket.setSoTimeout(3000);
        //构建用户登录信息
```

```
Message msg = new Message();
msg.setUserId(id);
msg.setPassword(password);
msg.setType("M_LOGIN");
msg.setToAddr(remoteAddr);
msg.setToPort(remotePort);
byte[] data = Translate.ObjectToByte(msg);
//定义登录报文
DatagramPacket packet = new DatagramPacket(data, data.length, remoteAddr, remotePort);
//发送登录报文
clientSocket.send(packet);
//接收服务器回送的报文
DatagramPacket backPacket = new DatagramPacket(data, data.length);
clientSocket.receive(backPacket);
clientSocket.setSoTimeout(0);                    //取消超时时间
Message backMsg = (Message) Translate.ByteToObject(data);
//处理登录结果
if (backMsg.getType().equalsIgnoreCase("M_SUCCESS")) {
    this.dispose();
    MainFrame mainFrame = new MainFrame(clientSocket, msg,id);
    Dimension dim1 = Toolkit.getDefaultToolkit().getScreenSize();
    Dimension dim2 =mainFrame.getSize();
    int x = (int)dim1.getWidth()*3/4;
    int y = (int)dim1.getHeight()/3-(int)dim2.getHeight()/2;
    mainFrame.setLocation(x,y);
    mainFrame.setTitle(msg.getUserId());
    mainFrame.setUserID(msg.getUserId());
    Userdao.makeuserIn(id);
    JOptionPane.showMessageDialog(null," 登录成功！ ","登录成功", JOptionPane.PLAIN_MESSAGE);
        mainFrame.setVisible(true);
}else{
    JOptionPane.showMessageDialog(null,"登录失败！ ","登录失败", JOptionPane.ERROR_MESSAGE);
}
} else {
    JOptionPane.showMessageDialog(null, "用户ID或密码错误！ ", "登录失败", JOptionPane.
        ERROR_MESSAGE);
}
```

```
    } catch (IOException e) {
        JOptionPane.showMessageDialog(null,"连接超时", "登录失败", JOptionPane.ERROR_MESSAGE);
    }
}
```

## ■11.5.2 客户端注册用户

　　运行客户端程序，打开登录窗口后，如果没有账号，单击窗口左下角的注册账号链接可以打开注册账号窗口，如图11-18所示。

　　输入注册信息后，单击"注册"按钮，系统会首先检查所有输入项是否都不为空、输入的账号是否已经存在、两次输入的密码是否一致、邮箱格式是否正确等；如果所有检查都没有问题，注册信息就会被写入数据库，否则会给出相应的提示信息。

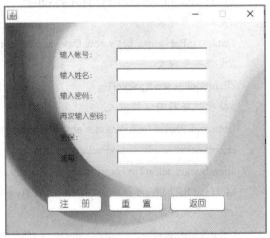

图 11-18　客户端注册账号窗口

## ■11.5.3 客户端主窗口

　　在登录窗口中如果登录成功，将会打开客户端主窗口，如图11-19所示。在客户端主窗口中可以进行好友管理、添加好友、查看修改个人信息和刷新好友列表等操作。

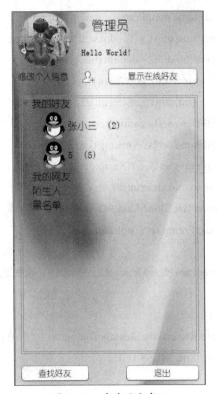

图 11-19　客户端主窗口

## ■11.5.4 好友管理

在客户端主窗口中右键单击某好友，在弹出菜单中可以选择"删除好友""改变好友分组""拉入黑名单"和"查询聊天记录"等操作，如图11-20所示。

图 11-20　好友管理菜单

"删除好友"操作首先要判断是否选中了好友，如果已选中好友，则在数据库中删除此好友记录。核心代码如下：

```java
private void DeleteFriendActionPerformed(java.awt.event.ActionEvent evt) {
    if (UserTree.getLastSelectedPathComponent() != null) {
        String temp = UserTree.getLastSelectedPathComponent().toString();
        if (!"我的好友".equals(temp) && !"我的网友".equals(temp) && !"黑名单".equals(temp) && !"陌生人".equals(temp)) {
            temp=new SubStr().subStr(temp,"(",")");
            if(Userdao.deleteship(username.getText(), temp)==1){
                JOptionPane.showMessageDialog(null, "删除成功", "删除提示", JOptionPane.OK_OPTION);
                Userdao.friendTree(username.getText(), this);
            }else{
                JOptionPane.showMessageDialog(null, "删除失败", "删除提示", JOptionPane.ERROR);
            }
        }
    }
}
```

"改变好友分组"操作可以把好友从一个分组移到另一个分组。

"拉入黑名单"操作实际上就是把好友移到黑名单分组中，移到黑名单中的用户不能进行消息通信。

## ■11.5.5 查找好友

单击客户端主窗体上的"查找好友"按钮，可以打开查找好友窗口，如图11-21所示。

查找好友可以根据多条件进行查询，可以根据好友的账号、邮箱、电话、昵称、年龄段、性别和地址进行查询，查询结果将以列表的形式显示出来。

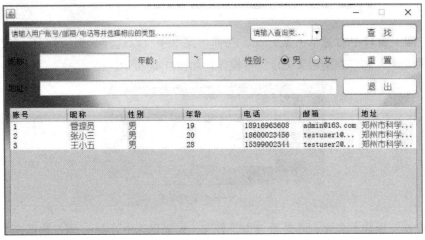

图 11-21　查找好友窗口

在查找的好友列表中选中一条记录双击，会打开添加好友窗口，如图11-22所示，单击"添加"按钮并选择分组后完成添加好友请求。

图 11-22　添加好友窗口

## ■11.5.6　好友聊天

在客户端主窗口双击好友图标，会打开聊天窗口，如图11-23所示，在聊天窗口可以向好友发送消息，也可以显示好友发送过来的消息。

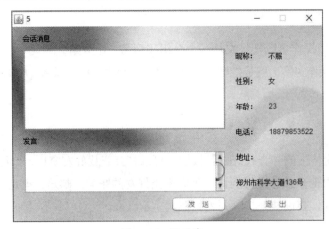

图 11-23　聊天窗口

发送消息时会先把输入的消息打包成消息报文，再通过UDP协议发送出去。具体处理过程的代码如下：

```
private void btnSendActionPerformed(java.awt.event.ActionEvent evt) {
    if(txtInput.getText().equals("")){
        JOptionPane.showMessageDialog(null, "发送内容不能为空！", "错误提示", JOptionPane.
        ERROR_MESSAGE);
        return ;
    }
    try {
        msg.setText(txtInput.getText());
        msg.setType("M_MSG");
        data = Translate.ObjectToByte(msg);
        //构建发送报文
        DatagramPacket packet = new DatagramPacket(data, data.length, msg.getToAddr(), msg.getToPort());
        clientSocket.send(packet);
        txtInput.setText("");
        txtArea.append(Userdao.getNickname(msg.getUserId()) + " 说：  " + msg.getText() + "\n");
    } catch (IOException e) {
        JOptionPane.showMessageDialog(null, e.getMessage(), "错误提示", JOptionPane.ERROR_MESSAGE);
    }
}
```

消息的接收和显示由一个线程来完成，客户端接收消息线程类的程序代码如下：

```
public class Receivelogin1 extends Thread {
    private final DatagramSocket clientSocket;
    private final byte[] data = new byte[8096];
    private final DefaultListModel listModel = new DefaultListModel();
    private final TwoClientUI parentUI;
    public Receivelogin1(DatagramSocket socket, TwoClientUI parentUI) {
        clientSocket = socket;
        this.parentUI = parentUI;
    }
    @Override
    public void run() {
        while (true) {
            try {
                DatagramPacket packet = new DatagramPacket(data, data.length);
```

```
    clientSocket.receive(packet);
    Message msg = (Message) Translate.ByteToObject(data); //还原消息
    String userId = msg.getUserId();
    if (msg.getType().equalsIgnoreCase("M_MSG")) { //新消息提示
        System.out.println("----" +userId +"---->>>"+msg.getTargetId() + "----"+msg.getText());
        if (!msg.getTargetId().equals(msg.getUserId())) {
            System.out.println("正常....我是"+userId+"的窗口....");
            parentUI.getArea().append(Userdao.getNickname(userId) + " 说：  " + msg.getText() + "\n");
        } else{
            if("STOPTHREAD".equals(msg.getText())){
                stop();
            }else{
            System.out.println("不正常....");
            parentUI.getArea().append("admin:异常，请重新登录....\n");
            parentUI.getInupt().setEditable(false);
            }
        }
    }
} catch (IOException e) {
    JOptionPane.showMessageDialog(null, e.getMessage(), "错误提示", JOptionPane.ERROR_
        MESSAGE);
    }
  }
 }
}
```

　　基于篇幅所限，这里只给出系统的部分功能及代码，其他代码就不再一一列举了。有兴趣的读者可以参看随书源文件，构建系统运行环境，运行系统程序，更加详细地了解系统使用的技术和系统所实现的功能。

# 参考文献

[1] 丁振凡, 范萍. Java语言程序设计[M]. 3版. 北京: 清华大学出版社, 2022.

[2] 段林涛. Java程序设计与实践[M]. 北京: 电子工业出版社, 2019.

[3] 郑莉, 张宇. Java语言程序设计[M]. 3版. 北京: 清华大学出版社, 2021.

[4] 李兴华. Java从入门到项目实战: 全程视频版[M]. 北京: 中国水利水电出版社, 2019.

[5] 尚硅谷教育. 剑指Java: 核心原理与应用实践[M]. 北京: 电子工业出版社, 2022.

[6] 方腾飞, 魏鹏, 程晓明. Java并发编程的艺术[M]. 2版. 北京: 机械工业出版社, 2023.